U0370488

国家出版基金资助项目

中国城市建设技术文库

丛书主编 鲍家声

Study on Specialized Planning of
Construction Waste Resourcezation

建筑垃圾资源化专项规划研究

荣玥芳 周文娟 李文龙 陈 冰 著

华中科技大学出版社
http://press.hust.edu.cn
中国·武汉

图书在版编目（CIP）数据

建筑垃圾资源化专项规划研究 / 荣玥芳等著. —武汉：华中科技大学出版社，2022.12
（中国城市建设技术文库）
ISBN 978-7-5680-8977-7

Ⅰ.①建… Ⅱ.①荣… Ⅲ.①建筑垃圾－废物综合利用 Ⅳ.①X799.1

中国版本图书馆CIP数据核字（2022）第232585号

建筑垃圾资源化专项规划研究 　　　　　　　　　　　　荣玥芳　周文娟
JIANZHU LAJI ZIYUANHUA ZHUANXIANG GUIHUA YANJIU 　　李文龙　陈　冰　著

出版发行：华中科技大学出版社（中国·武汉）　　　　　电话：（027）81321913
地　　址：武汉市东湖新技术开发区华工科技园　　　　　邮编：430223

策划编辑：王　娜　　　　　　　　　　　　　　　　　　封面设计：王　娜
责任编辑：王　娜　　　　　　　　　　　　　　　　　　责任监印：朱　玢

印　　刷：湖北金港彩印有限公司
开　　本：710 mm×1000 mm　1/16
印　　张：12.5
字　　数：209千字
版　　次：2022年12月第1版 第1次印刷
定　　价：79.80元

投稿邮箱：wangn@hustp.com
本书若有印装质量问题，请向出版社营销中心调换
全国免费服务热线：400-6679-118 竭诚为您服务
版权所有　侵权必究

作者简介

荣玥芳　现为北京建筑大学建筑与城市规划学院教授，城乡规划系主任，城乡规划学专业硕士生导师，研究方向为城乡规划与设计、城乡人居环境评价及韧性城市，是教育部全国专业学位水平评估专家，教育部学位中心学位论文评审专家，中国城市规划学会理事，住建部全国乡村建设评价专家，中环协建筑垃圾管理与资源化工作委员会专家，中国地理学会会员，中国建筑学会会员，北京市韧性城市建设研究中心专家，《现代城市研究》（CSSCI）、《城市建筑》等期刊审稿专家，《北京建筑大学学报》编委。

　　长期从事城乡规划教学科研与实践，重点聚焦于城市更新、城市体检、韧性城市、社区治理、乡村规划设计等领域研究，1999年获批注册城市规划师资格。主持参与国家级、省部级相关研究课题12项，形成了一系列具有代表性的学术成果，作为第一作者在《城市规划》《城市规划学刊》《规划师》《现代城市研究》等CSSCI期刊发表论文近20篇，出版专著2部，出版全国"十四五"规划教材1部，主编住建部"十四五"规划教材3部，主编中国建设工程标准化协会（CECS）标准3项，参编国家标准3项，参编地方标准2项。

周文娟　女，1977年出生，中共党员，北京建筑大学副教授。中环协建筑垃圾管理与资源化工作委员会副秘书长、中国工程建设标准化协会专家、中环协标准化技术委员会专家、中国建材工业经济研究会理事。

　　自2006年以来，长期从事建筑垃圾管理与资源化的研究工作，主持或主要参加完成科技部、北京市、国家发改委、工信部、国际能源基金会、亚洲银行技术援助等省部级以上项目10余项，目前主持国家"十三五"重点研发计划《建筑垃圾资源化全产业链高效利用关键技术研究与应用》的子课题研究，研究成果获国家科技进步二等奖1项、省部级科技奖励4项。主编《建设用卵石、碎石》《固定式建筑垃圾处置技术规程》《建筑垃圾再生骨料实心砖》《建筑垃圾分类收集技术规程》，参编《建设用砂》《建筑垃圾处理技术标准》等标准10余项，先后荣获中国建材联合会标准化先进个人及中国工程建设标准化协会标准科技创新青年人才奖。

李文龙　博士，高级工程师，现任中国城市环境卫生协会建筑垃圾管理与资源化委员会秘书长。长期从事城市环境脆弱性及管理对策研究，关注建筑垃圾资源化关键技术对城市高质量发展和绿色建筑的技术支撑，已完成住建部、深圳市重点课题4项，获发明专利授权3项，获国家技术发明二等奖1项，广东省科学技术一等奖1项。曾任深圳市建筑废弃物资源化利用工程技术研究开发中心主任。主要社会兼职：住建部建筑垃圾治理试点城市建设专家组成员，中国绿建委建筑废弃物资源化学组秘书长，中国城市科学研究会绿色生态城区评价专家委员会委员。

陈　冰　教授级高级工程师，注册咨询工程师，住建部环境卫生工程技术研究中心副主任，中国城市建设研究院有限公司环卫中心主任，中国城市环境卫生协会生活垃圾处理专业委员会专家。长期从事固体废物的政策研究、科研工作、标准制定、发展规划、技术咨询、行业服务等相关工作。参加数项国家相关政策研究，多项国家、省部级科研课题及国际合作项目，多项国家标准和行业标准编制，近20项环境卫生专业规划或垃圾处理发展规划，多次协助国家部委开展相关工作。

前　言

　　中国社会处于新型城镇化发展阶段，城市及乡村高品质发展成为全面发展诉求。城市存量更新发展更加成为城市发展的重要前提。在绿色、健康、高质量发展背景下，城乡更新过程中建筑垃圾的大量产生，带来生态安全隐患，为此在城乡国土空间规划体系中从规划源头实现建筑垃圾的减量化、资源化、无害化，推动绿色低碳城市建设，实现绿色低碳发展，是城乡规划者的重要工作内容，其中建筑垃圾资源化专项规划将成为重要抓手。应全面统筹城市现状及城市总体规划期限内的建筑垃圾产生量，综合城市功能分区、城市功能区的建筑密度、建筑类型及建筑结构等特征，科学预测城市规划期内建筑垃圾产生量，合理布局建筑垃圾收集、中转及处置消纳场地，并与国土空间规划体系中各层次规划相衔接，将建筑垃圾处置消纳场地纳入城市黄线管控，为城市建筑垃圾处置预留充分用地，并做好选址及空间布局。

　　本书的写作源于作者 2017 年主持的科技部国家"十三五"重点研发计划科研子课题《城市规划中建筑垃圾源头减量化、资源化研究》。作为城乡规划专业人员，我们此前对建筑垃圾资源化问题关注不多，最多是对城市环境卫生工程专项规划中固体废物处置方面有所涉及。通过这次科研经历，我和团队成员意识到中国的建筑垃圾源头减量问题迫切需要城乡规划专业领域的参与，因为在建筑垃圾源头减量工作中，规划减量必须先行，而在这里规划源头减量的诸多科研问题还有待研究。从国土空间规划的战略高度、总体规划、控制性详细规划到建设实施、城市更新等不同维度全方位实现规划源头减量、资源化还有大量的关键技术需要解决，还有规划管理环节的法律法规及管控机制等方面的衔接与突破有待实现；在城乡规划空间预留建筑垃圾处置与消纳场地等都是我国目前城镇化新阶段需要处理的重点问题。同时由于建筑材料获取对自然生态环境的破坏等原因，要解决建筑垃圾的资源化问题，在现实城乡规划建设与管理过程中，还要面对建筑垃圾资源化利用的建设用地从选址到黄线管控再到用地报批等各环节均存在法律法规管控灰色地带这个问题。2020年最新修订的《中华人民共和国固体废物污染环境防治法》（以下简称新《固废法》）出台，标志着我国建筑垃圾减量化、资源化、无害化及全过程管理进入到新阶段。

本书是我们研究团队近 5 年来研究成果的结晶，也是城乡规划学与土木工程、建筑学、建筑材料、环境工程、风景园林、城市管理等多学科、专业交叉研究的成果。我们想将它呈现给读者，希望用我们团队的一点点工作积累为中国建筑垃圾资源化工作奠定基础，为相关研究提供一些资料。

参与本书研究的团队成员，除了已经列出名字的 4 位作者之外，还包括北京建筑大学李颖教授，中国矿业大学 / 德国鲁汶大学孙晓鲲博士，以及北京建筑大学任欣彤、姚彤、张新月、张典等硕士研究生。李颖教授在书稿框架搭建阶段给出了很好的意见和建议，孙晓鲲博士、姚彤等研究生在该书的资料收集整理方面贡献颇多。感谢我校张大玉校长和陈家珑教授，他们引领我走进建筑垃圾资源化之门，他们让我看到该研究的重大价值和意义。

目　录

1

建筑垃圾资源化规划背景

1.1 城市发展阶段

1.1.1 城市化发展阶段

1."存量"规划推动城市更新，建筑垃圾处理市场需求和潜在效益巨大

在经历了 20 年的大规模粗放式发展后，我国城市建设逐步从增量发展转变为存量提质，通过城市更新推进城市的高质量发展：城市更新、旧城改造和新城建设同步推进，城市人居环境质量需求提升，这些都会造成大量建筑垃圾的产生。目前建筑垃圾已经成为城市固体垃圾中排放量最多的垃圾，占到城市垃圾总量的 2/5，导致不少大城市都陷入"建筑垃圾围城"的困境。

相较于我国巨大的建筑垃圾产生量，我国建筑垃圾资源化利用产业的发展空间还远远未被开发出来，据对我国建筑垃圾处理行业市场规模的相关统计与研究，按照每吨建筑垃圾的运输与处置收入在 35 元左右进行初步测算，2020 年我国建筑垃圾处理行业的市场规模突破一千亿元（图 1-1）。同时，我国的建筑垃圾资源化的利用率低、技术不先进，建筑垃圾的主要处理方式还是填埋，此种方式在占用土地资源的同时容易释放有害气体，严重妨碍生态城市的建设。若我国提高建筑垃圾资源化的水平，将这些巨量的建筑垃圾资源的作用发挥出来，则势必可创造巨大的价值。

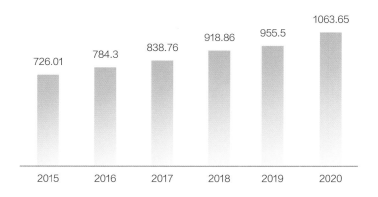

图 1-1　2015—2020 年我国建筑垃圾处理行业市场规模统计及增长情况

（资料来源：根据前瞻产业研究院的研究成果改绘）

2. 城市管理以精细化善治为导向，建筑垃圾管理亟待体系化、精细化

2017 年习近平总书记提出"城市管理要像绣花一样精细"的指示精神，城市在精细化理念的指导下，以实现善治为目标，建筑垃圾治理也应响应国家号召，要在科学化、精细化、智能化上下功夫。但我国目前的建筑垃圾处理技术还比较单一，在占用大量土地的同时，还消耗了大量的征地及垃圾清运等建设经费；建筑垃圾产生的源头和消纳场所通常不具备精细化的分拣技术、设施和人员，严重地影响了建筑垃圾的资源化利用，建筑垃圾的再生管理有待进一步加强。另外，管理体制不够健全，缺少指导性的法律条文，各级政府在管理中往往缺乏统一协调，监管不到位，导致违法倾倒、违规处置的现象仍然比较普遍。

在新背景下，原有的粗放式管理已经不再适用，针对国内建筑垃圾处理面临的这些困难与问题，未来要把建立标准化管理体系作为建筑垃圾资源化管理的基础，建立以网络为支撑的智慧城市管理服务系统，建立建筑垃圾精细化管理和服务指标考评体系，把依法管理贯穿于建筑垃圾处理的全过程，积极响应城市精细化建设的新要求。

3. "十四五"以来，"绿色发展""无废城市"的提出要求建筑垃圾产业化发展

2019 年 1 月，《"无废城市"建设试点工作方案》正式提出了"无废城市"的概念，它是以创新、协调、绿色、开放、共享的新发展理念为引领，通过推动形成绿色发展和改变生活方式，持续推进固体废物源头减量和资源化利用，最大限度减少填埋量，将固体废物对环境的影响降至最低的城市发展模式。"无废城市"并不是意味着没有废弃物产生，而是旨在通过减量化、资源化和无害化的处理方式，降低废弃物的排放量，使废弃物得到最大限度的利用，尽可能地减少其最终填埋量，减少其对环境的危害。

建筑垃圾是城市固体废物中急需进行减量化和资源化利用的主要对象之一，需要从前端产生、中端收运到末端处置对其进行全过程整体把控，找到各个环节的短板，逐个击破，推动建筑垃圾源头减量，并提高其综合利用率，推进"无废城市"建设。

"十四五"规划提出我国的社会、经济、生态和文化均进入高质量发展阶段，精细化治理、高质量发展成为城市发展的主要趋势。我国的城市化进程已从大规模

粗放式发展逐步进入"存量发展时代"：在新城建设的同时，城市更新和旧城改造占比逐渐升高，更加注重提升城市人居环境质量。

随着国内经济社会的飞速发展，城市规模在不断扩张，建筑垃圾运输行业乱象丛生的问题随之而来。这一顽疾，成为国内大多数城市不得不面对的棘手问题。为了有效解决建筑垃圾运输行业违规撒漏、尾气排放污染、超载超限抢行、运营秩序混乱等问题，智慧城市被城市管理者作为统筹规划问题的新手段。随着"互联网+"、大数据、数字化等技术的兴起和发展，应充分利用相关技术，提升建筑垃圾治理过程中对违法行为的监管能力，使建筑垃圾规范运输、科学处理。建立健全建筑垃圾资源化利用全过程管控体系，从而形成新型智慧城市背景下的城市服务管理新理念。

我国正处在城市化高速发展的阶段，城市建设步伐很快，现在的城市发展已经迈入存量更新时代，城市更新迅速，建筑垃圾也不可避免增多。建筑垃圾大多体积大、重量大，如果随意堆放将侵占大量的建设用地，还可能危害公共安全、污染土地及水资源等，这已成为现阶段影响城市生态可持续发展的严重的"城市病"。然而面对海量的建筑垃圾，我国很多城市准备不足，没有建筑垃圾治理专项规划、消纳场地、处理设施，管理不到位，建筑垃圾随意堆放，城市建筑垃圾围城问题凸显。同时我国经济发展进入新常态，保护生态环境、发展循环经济日益受到重视，走绿色发展之路，坚守生态底线是我们的必然选择，其中的重要一环便是促进建筑施工绿色化、装配化，鼓励建筑工地建筑垃圾区域内排放自平衡，积极推进城市精细化绿色发展、建筑垃圾源头减量化、工地垃圾"零排放"，绿色化建设方式的应用能够减少施工现场建筑垃圾的产生，也是建筑行业现代化的必经之路。

近年来，城市建设趋向精细化管理，建筑垃圾治理也响应国家号召，在完善法规政策的同时，启动"无废城市"的建设。党的十八大和十九大相继做出了关于绿色发展、低碳循环发展的国家级战略部署，关于建筑垃圾资源化的宏观指导政策也相继出台，建立健全建筑垃圾减量化工作机制，加强建筑垃圾源头管控，推动工程建设生产组织模式转变，有效减少工程建设过程中建筑垃圾的产生和排放，不断推进工程建设可持续发展和城乡人居环境改善。建筑垃圾源头减量化已成为我国推动经济和社会全面协调、可持续发展等重大发展战略中亟待解决的问题。我国目前仍没有一部国家层面的建筑垃圾处理的法律，只有一些规定、办法、意见，对建筑垃圾管理的处理大多停留在末端资源化的层面，较少出台建筑垃圾源头减量策略的法律法规。总的说来，我国还缺少一部能够对建筑垃圾处理起指导性作用的法律。此外，国家启动"无废城市"建设，持续推进建筑垃圾源头减量和资源化利用以来，也面临着众多的挑战。部分地区在城市规划、产业布局、基础设施建设方面，对固体废物减量、回收、利用与处置问题重视不够、考虑不足，严重影响城市经济社会可持续发展。

目前国内建筑垃圾处理面临许多困难与问题，建筑垃圾治理缺乏规范性的引导，主要表现在建筑垃圾治理未能与城市规划体系相衔接，国内建筑垃圾管理主要集中在建筑垃圾的末端治理，未将建筑垃圾减量落实到空间规划和空间管理中，未从源头控制建筑垃圾的产生和排放。因此，城市规划体系下的建筑垃圾减量化模式有待探索。此外，建筑垃圾处理设施的用地布局不合理，我国政府并未规定生产者有回收建筑废弃物的义务，建筑垃圾生产者往往将建筑垃圾填埋或倾倒，建筑垃圾的资源化处理进程严重滞后，建筑垃圾治理缺乏统一的规划引导。

针对目前我国建筑垃圾处理缺乏统一的规划引导问题，应在规划编制阶段，从城市规划宏观角度根据不同城市的城市化发展阶段，对城市建设量和拆迁量进行合理估算，以此来制定城市建筑垃圾源头减量化和资源化的控制目标，在总体规划中制定规划期内可行的建筑垃圾源头减量目标。在规划管理阶段，针对我国工程设计行业缺少建筑垃圾源头减量化设计方法与设计标准，通过事先考虑工程如何减少建筑废物的产生、形成废物后的可能处理措施和可循环利用途径，全面提出建筑、结构、装饰各部分的新设计理念和原则，形成相关设计指南，并研究建筑垃圾源头减量化工程设计评价标准。在规划实施阶段，针对施工现场建筑垃圾未能减量和利用，分类设备不完善给后期处理造成困难的现状，通过研究现有施工技术和分析、研发适合后期资源化利用的装储吊运装备并示范，提出现场减量、分类和再利用综合技术并编制相关标准，为全产业链资源化利用打好基础。

建筑垃圾减排及资源化利用，具有良好的生态效益、社会效益，更具有显著的经济效益，比末端治理更为有效，是解决建筑垃圾问题的根本所在。从城市规划角度展开研究，有利于从上层作出指导，便于制定法律法规、统筹规划建筑垃圾的各项处理工作，从源头控制污染，减少资源开采、制造和运输成本，减少对环境的破坏。

同时可以从更加宏观的角度考虑建筑垃圾在减量过程中产生的生态效益、社会效益和经济效益，对城市的可持续发展具有重要意义。

4.“双碳”理念倡导建筑垃圾产业低碳化发展

当前，我国生态文明建设进入了以降碳为重点战略方向、推动减污降碳协同增效、促进经济社会发展全面绿色转型、实现生态环境改善的由量变到质变的关键时期。习近平总书记在第七十六届联合国大会一般性辩论上强调，完善全球环境治理，积极应对气候变化，构建人与自然生命共同体。加快绿色低碳转型，实现绿色复苏发展。中国将力争 2030 年前实现碳达峰、2060 年前实现碳中和，这需要付出艰苦努力，但我们会全力以赴。这是中国基于推动构建人类命运共同体的责任担当和实现可持续发展的内在要求作出的重大战略决策。

据相关研究分析，每综合利用 1 吨建筑垃圾可减少二氧化碳排放量 3.7 千克，建筑垃圾资源化利用兼具环保、循环经济和节能降碳多种属性，将成为“双碳”背景下固废处置的“新市场”。然而，目前我国建筑垃圾处理面临资源化率相对较低、资源化产品出路不畅等问题，在“十四五”碳达峰的关键期、窗口期，亟须提升建筑垃圾的综合利用能力。

在双碳理念指导下，为推动城镇环境提升，我国 2022 年 1 月发布了《关于加快推进城镇环境基础设施建设的指导意见》，明确要在城市建设中“补齐生活垃圾、建筑垃圾等固废处理、回收能力短板”，加强建筑垃圾精细化及资源化利用。可见，建筑垃圾资源化利用对降碳非常重要。

1.1.2　城乡发展政策与战略

改革开放四十余年，我国的城乡差距逐步缩小，并逐步走向城乡融合，这是一个曲折的动态发展过程。我国的城乡关系从二元到城乡融合的发展主要分为中华人民共和国成立到改革开放前、改革开放后到 20 世纪末、21 世纪初期和党的十八大以来四个阶段。在这个发展过程中我国不断地调整城乡关系的发展战略，完善相关的体制机制，为实现城乡融合发展奠定了基础。

1. 中华人民共和国成立到改革开放前的城乡二元结构形成与固化

我国的城乡二元结构与其他国家性质不同，城乡二元结构的产生既有内生性因素，也有体制机制的作用和影响。我国早期的城市工业经济主要受帝国主义及资本主义影响，而农村的经济受封建地主控制，我国的城乡二元结构经历了初步形成到逐渐固化的过程。中华人民共和国成立之初，我国受诸多因素影响而选择优先发展重工业，同时，国家出台了一系列限制农村居民进城的措施，使城乡二元结构体制初步形成。经过长达十年的"文化大革命"，中国的国民经济遭受了巨大的损失，城乡二元结构进入了固化的阶段。

2. 改革开放后到 20 世纪末城乡二元体制破冰阶段

在计划经济背景下，经济由于受到战略的影响进入了崩溃的边缘，我国为了尽快地改变这种局面，提出了改革开放的伟大构想，决定从农村开始改革。随着党的工作重心从农村逐渐转移到城市，改革开放不断推进，我国城乡二元经济结构出现松动改变。

3. 21 世纪初期城乡二元经济结构调整阶段

党的十六大以来，在科学发展观的指导下，我国先后提出了统筹城乡、城乡一体化及城乡融合的发展战略，并推动我国总体上进入以工促农、以城带乡、城市反哺农村的新阶段，逐渐破除城乡二元结构，城乡关系进入了协调发展的新阶段。

4. 党的十八大以来城乡融合的发展阶段

在统筹城乡发展战略的指引下，虽然我国城乡二元结构得到了明显的改善，城乡之间的差距明显缩小，但是这仅体现在量变上，并没有形成城乡融合的体制机制，农村与城市相比较仍然处于弱势的地位。党的十八大以来，我国形成了具有中国特色的新型城乡关系。在城乡一体化的战略下，农村与农业取得了长远的发展，我国的城乡关系发生了巨大变化。在统筹城乡到城乡一体化的发展过程中我国取得了一系列成果，使城乡关系进入了一个崭新的城乡融合阶段，通过城乡要素、区域及生活方式的相互融合促进我国城乡的发展。

1.2　建筑垃圾资源化发展阶段

当前我国建筑产业正处于快速发展阶段，建筑垃圾产量也逐年增高。在这一趋势下，建筑垃圾资源化利用是避免"垃圾围城"的有效方式，也是我国经济循环发展和生态文明建设的必要措施。对建筑垃圾进行资源化再利用，一方面将垃圾"变废为宝"，另一方面减轻了对环境的影响，改善了生活环境。然而，目前建筑垃圾资源化发展还比较滞后，建筑垃圾资源化综合利用已刻不容缓。

1.2.1　起步阶段

"十五""十一五"时期是我国建筑垃圾资源化利用的起步和探索阶段，国家颁布的政策法规数量有限。2004 年，我国颁布了《中华人民共和国固体废物污染环境防治法》（2004 年修订）；2005 年，又颁布了《城市建筑垃圾管理规定》。"十五"时期颁布的相关政策法规反映了我国对城市建筑垃圾的关注还停留在管理方面，尚未将工作重心转移至建筑垃圾的资源化利用方面。"十一五"期间颁布的相关政策法规有 2006 年的《国家鼓励的资源综合利用认定管理办法》、2007 年的《绿色施工导则》、2009 年的《中华人民共和国循环经济促进法》及 2010 年的《关于建筑垃圾资源化再利用部门职责分工的通知》。这一时期，我国不断探索推进建筑垃圾综合利用的法制化，并逐步形成以"循环经济促进法"为核心、"资源综合利用认定管理办法"为基础的法律体系，依法推进建筑垃圾综合利用。

在工艺技术上，与天然石材资源相比，建筑垃圾具有来源多变、成分复杂、数量巨大且不稳定等特征。例如建筑垃圾中常常混有塑料、钢铁、木料、纺织品、渣土等物质，有的甚至还混有生活垃圾，分类处理困难；建筑垃圾形状、规格多样，大到整个楼板，小到碎砂砾，建筑垃圾的破碎程度不同，加大了破碎难度。建筑垃圾资源化工艺技术须因地制宜，不断创新，在起步阶段采用移动设备进行现场作业，再生产品主要为低品质的砂石，剩余部分以填埋为主。

在商业模式上，建筑垃圾资源化利用的商业模式最初未得到市场认可，也未获得政府和社会支持。

在管理模式上，建筑垃圾资源化利用呈现处置随意、管理混乱的状态，建筑垃圾拆除、运输、处置等各环节无人监管。

拿北京举例，在这一阶段，北京市经济快速发展。尤其是2006—2010年，城市建设需求量增多，在大规模基础设施建设、建筑业迅速发展、旧城更新改造，以及奥运会场馆及其配套设施建设等因素影响下，北京市建筑垃圾产生量剧增，建筑垃圾管理工作由原先的无序化应急管理到逐步形成市、区县、乡镇三级管理体系。

1.2.2　快速发展阶段

党的十八大以来，国家对建筑垃圾资源化利用愈发重视，并出台了相关政策。

《"十二五"循环经济发展规划》于2012年12月12日通过，明确了我国政府围绕提高资源产出率，健全激励约束机制，积极构建循环型产业体系，推动再生资源利用产业化，推行绿色消费，以加快形成覆盖全社会的资源循环利用体系。鼓励地方政府开展循环经济示范行动，实施示范工程，创建示范城市。同时要求完善建筑垃圾资源化的财税、金融、产业、投资、价格和收费政策，健全法规标准，建立统计评价制度，加强监督管理，全面推进建材行业的循环经济发展。

2014年2月，科学技术部、工业和信息化部组织制定了《2014—2015年节能减排科技专项行动方案》，将"建筑垃圾处理和再生利用技术设备"列为"节能减排先进适用技术推广应用"重点任务。

2015年4月，中共中央、国务院发布了《关于加快推进生态文明建设的意见》，该意见要求："全面促进资源节约循环高效使用，推动利用方式根本转变。""发展循环经济，按照减量化、再利用、资源化的原则，加快建立循环型工业、农业、服务业体系，提高全社会资源产出率。""完善再生资源回收体系，推进……建筑垃圾……资源化利用……"

国内各城市针对建筑垃圾处理处置的相关环节制定了相应的地方性政策法规。如上海早在1992年就发布实施了《上海市建筑渣土和工程渣土处置管理规定》，之后又根据管理需要进行了几次修订；2008年，深圳对建筑垃圾使用作出规范，之后又出台了具体实施细则；广州2011年通过《广州市建筑废弃物管理条例（草案）》；北京于2011年12月发布《建筑垃圾资源化处置设施建设导则》试行本，该导则明确了建筑垃圾厂包括选址、具体建设等方面的相关规范；2010 年昆明出台了《昆明市城市建筑垃圾管理实施办法》和《昆明市建筑垃圾资源化处理工作方案》；2012年《西安市建筑垃圾管理条例（草案）》完成初审。

随着建筑垃圾试点工作的推进和无废城市理念的提出，许多城市的建筑垃圾资源化工作取得了较为明显的进展。尽管部分省市的建筑垃圾资源化利用率达到 40%左右，但我国整体的建筑垃圾资源化率仅为 10% 左右，还需要不断努力。若扩大建筑垃圾利用的统计范围，将其扩大至包括直接就地回填等综合利用的算法，建筑垃圾综合利用率要高于资源化率。

在工艺技术上，建筑垃圾资源化利用以固定设备为主，再生产品主要有砂石砖、无机料等。

在商业模式上，建筑垃圾资源化主要为政府补贴模式，无补贴无法正常运行。

在管理模式上，自互联网兴起后，借助网络平台对建筑垃圾资源化处理的各个环节进行监督和管控，分析监控数据，优化设备结构、运输途径，确保原料供应稳定并降低成本，同时企业根据数据共享推测市场需求情况，对再生产品产量、种类进行及时调整，使建筑垃圾资源化利用达到最大效益化。

以北京为例，在 2011—2015 年间，北京市为实现拆除垃圾的减量化处理，提出了"建筑垃圾源头减量、规范运输、综合处理、规模化利用"的工作思路，实行建筑垃圾统筹管理，优化建筑垃圾转运站、消纳场等设施布局，加快建设资源化处置设施，推广使用建筑垃圾再生产品，不断提高建筑垃圾综合利用水平。这一阶段的标志成果是 2014 年末北京市石景山区成功建成了建筑垃圾处置示范设施，实现了建筑垃圾就地回收利用、加工建材原料的目标。

1.2.3　提升完善阶段

建筑垃圾废物处置和利用受地域限制，地方政府在其中起着决定性的作用。除少数地区外，我国大部分省市都已开展建筑垃圾治理相关工作。建筑垃圾资源化工作开展较早的城市有邯郸、深圳、许昌、昆明等城市。目前，全国已建成并具备以建筑垃圾为原料的年生产能力在 100 万吨以上的生产线有 70 多条，但由于原料供应得不到保证、处置成本过高、产品应用渠道不畅等问题，使得生产能力达不到预期设计，有些企业处于停滞或半停滞状态，只从事建筑垃圾处置的企业基本不能盈利。

在国家政策引导和市场推动下，我国建筑垃圾资源化利用企业发展迅速。据不完全统计，2020 年我国大中城市建筑垃圾资源化处理项目有近 600 个，资源化利用能力设计达到了每年 5.5 亿吨，建筑垃圾治理方式由填埋向资源化转变。我国建筑垃圾资源化处置相关企业基本为民营企业，企业规模小，建筑垃圾资源化生产线常陷入原材料缺乏的窘境，生产效能发挥不足，多数企业未能盈利，甚至常年亏损。

在法律政策上，2016 年 5 月，国务院印发《土壤污染防治行动计划》，特别强调了要对建筑垃圾进行资源化处置，同时开展建筑垃圾资源化利用示范工作，发挥建筑垃圾资源化在减少生活污染方面的重要作用。2016 年 8 月，《循环发展引领计划》（征求意见稿）公布，提出"加快建筑垃圾资源化利用。发布加强建筑垃圾管理及资源化利用工作的指导意见，制定建筑垃圾资源化利用行业规范条件。开展建筑垃圾管理和资源化利用试点省建设工作"。党的十九大报告明确指出，不仅要"全面推进资源节约和循环利用"，还要"加强固体废弃物和垃圾处置"。2017 年 11 月第十二届全国人大常委会第三十次会议发布了检查《中华人民共和国固体废物污染环境防治法》实施情况报告，报告中指出：固体废物污染防治形势严峻，建筑垃圾乱倒现象严重，各地未建立有效的监管措施、处理费用补偿机制，建议推进建筑垃圾资源化利用，建立利益补偿机制。2021 年 7 月国家发展改革委印发《"十四五"循环经济发展规划》，建筑垃圾资源化利用示范工程被列入重点任务和重点工程，重点任务提出加强资源综合利用，重点工程和行动提出建筑垃圾资源化示范工程，提出建设 50 个建筑垃圾资源化利用示范城市，并明确到 2025 年使建筑垃圾综合利用率达到 60% 的目标。

在工艺技术上，建筑垃圾资源化利用仍以固定设备为主，再生产品向高质量、种类多样性方向创新改进；随着互联网 4.0 模式的兴起，可以将建筑垃圾资源化利用产业与其结合，不断提高再生产品的附加值。自"十五"科技攻关项目起，到"十一五"科技支撑计划的层层突破，再到"十二五"资源化成套技术的研发，我国建筑垃圾资源化在处理设备、生产技术、标准规范、产品质量、使用示范等环节均已突破瓶颈，建筑垃圾资源化平台已初步搭建。

在商业模式上，从政府补贴模式转变为"产生者付费"。目前建筑垃圾资源化再利用企业大多处于亏损状态，其原因主要是原料供应不稳定、再生产品销售不出去。应该以原料供应和再生产品重复利用的"两头"为切入点，同时根据当地实际情况进行商业模式创新，将市场主导作用发挥出来，这样才能有效地促进建筑垃圾资源化利用的专业化和规范化。

这一时期，国内多个城市逐步实现建筑垃圾规范化管理。以北京市为例，从2016年起，北京市政府已意识到不能只注重建筑垃圾末端治理，还要从产生源头进行管控。建筑垃圾资源化利用由示范逐步走向工厂阶段。这一阶段的标志性成果是一些企业相继建成了建筑垃圾处理的固定工厂，同时建筑垃圾处置利用工艺不断完善和成熟。现阶段，北京市正加快构建和完善建筑垃圾从产生到综合利用的全链条管理体系，以实现建筑垃圾规范化管理。

1.3 国内外经验借鉴

国外有些国家对建筑垃圾资源化利用的研究开始较早，成果较为丰富，它们大多通过实行"源头削减策略"来对建筑垃圾进行管控，即在建筑垃圾形成之前，通过各种政策措施使其减量化，然后结合各国实际，通过强制性或鼓励性政策促使建筑垃圾进一步被利用，并通过回收回用技术开发与再生产品的推广应用，实现建筑垃圾的高回收回用比率。我国虽然起步较晚，但深圳、香港等大城市已经对建筑垃圾资源化利用的模式展开了一定的探索。

1.3.1 国外建筑垃圾资源化现状

1. 新加坡

1）城市规划措施

1995 年，新加坡在本岛南部 8 千米之外设置了世界上第一座海上建筑垃圾填埋场——新加坡实马高岛垃圾填埋场。实马高岛的规划分两期建设：一期工程主要在岛南部设置 11 个垃圾填埋区；二期工程在北部，为节省成本，没有对区域进行划分。全岛规划填埋建筑垃圾总量 6300 万立方米。新加坡政府在岛上建造了 8.15 千米长的海堤，并在堤坝外设置了一层聚乙烯不透水保护膜。实马高岛在填埋垃圾的同时，还在其顶部覆盖了新土补种红树林，以进行生态修复。2005 年 7 月，实马高岛成为面向普通游客开放的旅游场地，此外实马高岛东南部还设置了一座小型的海洋公园。近几年，实马高岛还被规划为新能源示范基地，该岛将使用新加坡首座海上电网系统。

2）技术体系

新加坡的建筑垃圾注重源头的减量化。新加坡的建筑工程广泛引入绿色建筑设计和绿色施工理念，2005 年实行绿色建筑标识计划，针对热带建筑从节水、节能、环保、室内环境、创新等维度进行评估，目的是鼓励建筑物的可持续发展。新加坡还在 2009 年推出了绿色与优雅建筑商计划，对建筑从业单位从职员管理、公共安全及扬尘和噪声控制等多维度进行考评。在新加坡高昂的建筑垃圾堆填处置费的背后，承包商和建筑垃圾资源化处理场共同进行了两次建筑垃圾的分类回收。建筑工程施工承包商在建筑工地上直接将可用的废旧金属材料、废砖石就地回收，一部分被直接销售，一部分被用于工地建设或路面铺设等，剩余不能就地回收的建筑垃圾交由建筑垃圾处置公司处理。待建筑垃圾被运至建筑垃圾资源化处理场后，建筑垃圾处置公司会对剩余建筑垃圾进行精细分类，对不同材质的建筑垃圾进行有针对性的资源化利用。

3）经济措施

新加坡采用多种经济手段推动建筑垃圾资源化产业的发展，例如财政补贴、科研拨款、特许经营、税费减免和巨额罚款等。新加坡有 5 家特许经营的建筑垃圾资源化处理公司，这些公司由政府低价出租土地，由政府授权分区进行全国建筑垃圾的分类回收、转运及资源化工作。特许公司每五年评估一次，如达不到规定标准，新加坡国家环境局会对其处以罚金或进行吊销特许经营资格的处罚。

2.德国

1）法律法规

德国的建筑垃圾管理水平一直处于世界前列，在建筑垃圾管理方面有一系列相关的法律法规。各种指导方针和标准对建筑垃圾重新利用的详细说明，为德国建筑垃圾重新利用提供了技术上的指导，也是保障德国建筑垃圾高效利用的基础。德国在《支持可循环经济和保障对环境无破坏的垃圾处理法规》中规定："垃圾的产生者或者垃圾的拥有者有义务按照本法规中第 6 条的规定进行回收利用。重新利用要作为处理垃圾的首选，并且根据垃圾的种类和性质要尽可能多地回收利用。根据本法规第 4 和第 5 条的规定，要对垃圾进行分类保存和处理。"这对德国建筑垃圾的源头减量化和资源化处理产生了很大的推动作用。

2）技术体系

德国政府非常重视建筑垃圾相关的科技研发，每年投入大量的资金用于循环经济的相关研究，支持大学、科研机构、大型企业和民间研究所投身于建筑垃圾相关的科学研究中。德国各地区广泛分布着建筑垃圾的资源化处理场，经过长期的研究和实践，德国在建筑垃圾资源化领域达到世界领先的水平。德国规范委员会颁布了《在混凝土中采用再生骨料的应用指南》《混凝土和砂浆用骨料、再生骨料》和《再生骨料混凝土应用指南》，对再生骨料的使用进行具体规定，使得再生骨料得到了更广泛的应用。2002 年德国国内已建成的建筑垃圾资源化处理场达到 2290 座，每年生产的建筑垃圾再生骨料达到再生骨料年总产量的 10.6%。

3）经济措施

德国对建筑垃圾资源化企业有一定的资金支持，这些资金来自联邦政府向国民征收的税款和环保收费，通过政府编制财政预算来发放。此外，还有一些积极推进循环经济的大型跨国企业向德国政府捐款，以支持建筑垃圾资源化产业。德国通过经济杠杆来推进循环经济，如果某位公民每年缴纳一定量的建筑垃圾处置费，那么他就可以享受由专业的建筑垃圾清运团队提供的建筑垃圾的资源化处理服务。在大力支持建筑垃圾资源化产业发展的同时，德国政府对非法处置建筑垃圾的单位和个人也会处以每吨建筑垃圾 500 欧元的高额罚款。

3. 美国

1）法律法规

美国经过半个世纪的探索，在建筑垃圾管理方面形成了一套法律法规体系。截至目前，美国建筑垃圾管理法律法规已历经三代，全面实现了建筑垃圾的源头减量管理和末端资源化管理。

2）技术体系

美国在 1982 年出台的《混凝土骨料标准》（ASTM C33-82）规定，由破碎混凝土制成的建筑垃圾再生骨料属于粗骨料范畴。美国军队工程师协会出台规定，倡导在建筑工程中使用建筑垃圾再生骨料。在美国 20 多个州的公路中都大量使用了建筑垃圾再生骨料，其中 15 个州专门制定了针对建筑垃圾再生骨料的技术标准。建筑垃圾再生骨料已在美国得到了广泛的应用。

3）经济措施

美国对全国建筑垃圾资源化处理场实行税收优待，各项税费均有减免优惠，同时金融机构还为其提供低息低额贷款，以保障建筑垃圾资源化处理产业的快速发展。此外，美国采取政府采购的方式扩展建筑垃圾资源化产品的使用范围，对于不按规定实施政府采购的地区，美国政府责任署有权对其进行经济处罚。美国加利福尼亚州 2001 年规定，建筑工程获取施工许可证的条件之一是按国家规定预付建筑垃圾的处置押金，项目完工后，经有关政府部门核算该项目的建筑垃圾资源化率后才可根据相关指标规定退还建筑垃圾处置押金或对其予以额外的巨额罚款。

1.3.2　国内典型城市建筑垃圾治理现状

1．深圳

1）监管措施

深圳市对建筑垃圾的管理开始得比较早，截至目前已出台了十几项针对建筑垃圾源头分类、合理清运、资源化处置及建筑垃圾资源化产品的利用推广的管理政策。

2009 年实施的《深圳市建筑废弃物减排与利用条例》在国内第一次提出建筑垃圾管理的原则是减量化、再利用和资源化。该条例为达到减少建筑垃圾的排放、推动建筑垃圾资源化利用的目的，在建筑垃圾的源头减量和资源化利用方面提出了具体要求，并对建筑垃圾的处理实行收费政策。2014 年 1 月深圳颁布了《深圳市建筑废弃物运输和处置管理办法》，具体规定了建筑垃圾消纳许可证的办理办法及建筑垃圾消纳场的设置条件、收费细则，还对建筑垃圾的运输管理提出了具体要求，若违反条例则需要承担法律处罚。2014 年《深圳市城市管理局关于进一步加强建筑废弃物管理工作的指导意见》规定在政府考核的指标中增加建筑垃圾的资源化管理情况的考核。深圳市还建立了建筑垃圾运输车辆信息管理平台，在平台上公示深圳市各建筑垃圾消纳场的信息。

2）技术措施

深圳市鼓励建筑垃圾资源化利用设施直接入驻建筑施工场地，对建筑垃圾进行简单的预处理后原地回收，生成再生骨料、再生砖等建材，直接用于施工场地建设。在南方科技大学的建设中，建筑垃圾得到了就地回收利用，取得了社会效益和经济效益的双赢，这使得该项目成为深圳市建筑垃圾"零排放"的示范项目。在《关于进一步加强建筑废弃物减排与利用工作的通知》中规定了所有占地面积超过15 000 平方米的建筑拆除施工场地都应直接引入建筑垃圾资源化设备，就地对建筑垃圾实施资源化。在深圳市《关于新开工房屋建筑项目全面推行绿色建筑标准的通知》中鼓励城市更新项目参照南方科技大学的建筑垃圾处理模式，开展建筑垃圾"零排放"的试点工程。

3）经济措施

深圳市的《深圳经济特区建筑节能条例》和《深圳市建筑废弃物减排与利用条例》

等文件要求市政府为建筑垃圾资源化的科研技术提供资金支持，并支持示范工程的开工建设。深圳市还通过低价出租土地和税收减免等措施扶持建筑垃圾资源化产业的发展。

2. 香港

1）监管措施

香港在废弃物管理上注重源头的减量，将建筑垃圾管理分为五个层次：避免产生废物—尽量减少废物—废物再造—废物处理—废物弃置。香港环境保护署的管理计划规定，首先从源头发力，尽量减少建筑垃圾的产生，其次对建筑垃圾采取分类回收和实行资源化的处置，实现建筑垃圾资源的重复利用，最后对实在不能避免产生的建筑垃圾进行填埋处置。

香港环境保护署针对建筑垃圾的管理颁布了多项法律法规，如 1988 年的《减少废弃物示范计划》、1996 年的《香港房屋环境评估条例》等，并在对建筑从业人员的执业规定中增加建筑垃圾源头减量化等相关要求，提高建筑从业人员的意识，在建筑物的全生命周期中减少建筑垃圾的产生和排放。

2）技术措施

香港对建筑垃圾采取可行的技术措施，对建筑垃圾实行废物减量化处理。废物减量化是指一切用于避免、消除和减少废物产生，以及对废物进行再利用和循环使用的技术措施。根据废物减量化措施的优先次序，建筑垃圾管理首先对建筑垃圾产生的源头进行控制，尽量避免产生垃圾或少产生垃圾；针对已产生的垃圾，考虑通过技术手段（如粉碎大的混凝土块作为建筑骨料）对其进行再利用、循环利用；经过这些控制阶段后，还要尽量减少大体积建筑垃圾，以便对其进行最后处置。在设计阶段、施工阶段、施工和拆建现场分别有针对性地大幅度减少建筑垃圾。

3）经济措施

香港环境保护署 2016 年 1 月 20 日开始实施《建筑废物处置收费计划》以推动建筑垃圾的源头减量，计划规定建筑垃圾的产生者（包括建筑施工企业、装修工程企业和房屋所有人）须预先在香港环境保护署开立账户，并通过账户缴费后才可以使用香港政府设置的建筑垃圾处置设施。该计划规定堆填费为每吨 125 港元，筛选分类费为每吨 100 港元，建筑垃圾处置费为每吨 27 港元。香港环境保护署于 2017

年 4 月 7 日起调整收费标准，堆填费、筛选分类费、建筑垃圾处置费分别为每吨 200 港元、175 港元和 71 港元。

3. 许昌

1）监管措施

许昌市不断进行方法创新，大胆实践，持续探索完善"政府主导、市场运作、特许经营和循环利用"的建筑垃圾管理及资源化利用的路径。2014 年经市政府批准，成立许昌市建筑垃圾管理办公室，根据许昌市实际情况划分了管理区域，成立了两个管理大队，为建筑垃圾的有效管理提供组织保障。许昌市以政府为主导，完善了政策法规，为建筑垃圾的管理提供了有力的保障。

2）技术措施

许昌市政府积极鼓励特许经营企业进行科技创新。许昌市建筑垃圾特许经营企业许昌金科资源再生股份有限公司积极进行科研攻关，革新技术，改进传统工艺，大力规范建筑垃圾清运市场，推广建筑垃圾产品入市，生产了 8 大类 55 种建筑垃圾资源化产品，为许昌市建筑垃圾变废为宝作出了巨大贡献。据相关统计，许昌市建筑垃圾资源化率高达 95%。许昌市凭借在建筑垃圾管理和资源化处置方面的重要贡献，获得了 2012 年度的"中国人居环境范例奖"。许昌市对建筑垃圾的资源化探索形成了著名的"许昌模式"，成为国内几十座城市参观学习的典范。

3）经济措施

许昌市为建筑垃圾资源化企业开辟了绿色通道，不断加大扶持力度。许昌市每年向国家和省级有关部门申请项目建设扶持资金 1000 多万元，用作企业科技研发资金。许昌市还将建筑垃圾再生产品纳入政府采购的范畴，凡是政府投资的建筑、道路、公园、市政等工程必须优先使用建筑垃圾再生产品，项目施工单位要与政府认定的建筑垃圾再生产品企业签订订购合同。

4. 西安

1）监管措施

近年来，西安市按照"减量化、无害化、资源化"的原则，建章立制、多措并举，大力发展建筑垃圾资源化利用。2012 年，西安市政府及其下属单位成立了建筑垃圾综合整治工作领导小组，对全市出土工地及建筑垃圾运输情况进行监督检查。西安市的建筑垃圾管理工作从源头、运输到平台建设，都形成了全面的监管体系。排放建筑垃圾的工地，必须经所属辖区建筑垃圾主管部门批准后方可施工，同时结合每日申报制度和"七个到位"管理，对存在问题的工地依据《西安市建筑垃圾管理责任追究办法》追究责任。建筑垃圾在运输过程中，采取限时、限速、限路线的"三限"措施。在建筑垃圾收支管理方面，根据市级方量核算，各区收取建筑垃圾处置费，主要用于建筑垃圾消纳场的正常运行管理和覆盖还田、绿化、造山及无主建筑垃圾的清理工作。西安市建筑垃圾监管平台的建设可有效提高企业办理行政许可效率，为建筑垃圾管理多部门联合整治提供信息化支撑，为公众提供监督互动渠道，促进建筑垃圾运输行业市场有序规范运行。

此外，西安市从源头治理、运输监管、消纳处置、综合利用、考核考评等方面先后出台百余项相关制度措施，为建筑垃圾的精细化管理奠定了坚实的法制基础和提供有效的制度保障。

2）技术措施

西安市对建筑垃圾的处置方式，一是经过破碎、分拣等技术工艺，将拆迁垃圾生产成再生产品，用其代替天然砂石，用于路基填充、房屋建设、市政基础设施建设等；二是利用基坑开挖产生的工程弃土或砂石等其他固体废物进行堆山造景、基坑回填、绿化种植、复耕还田、土壤（地）修复等；三是通过分拣分类，将装修垃圾如塑料、木材等分别进行集中处置，生产成再生产品对其进行重复利用。

3）经济措施

随着建筑垃圾产业的发展，西安市也带动了一些具有一定规模、一定特色的企业投身到建筑垃圾资源化利用事业上来，如陕西建新环保科技发展有限公司，它是工信部资源再生利用重大示范工程。2017年底，该企业被国家住房和城乡建设部列为第一批建筑垃圾资源化利用行业规范企业。又如陕西汉秦再生资源利用有限公司，是西咸新区"海绵城市"建设中最大的绿色循环建材基地；西安阎良凯龙环保再生资源利用有限公司，将处理场分为消纳区和回收再利用区两大功能区域；陕西龙凤石业有限责任公司，成功研制了建筑垃圾再生设备，通过分拣、分解、分类三大功能实现建筑垃圾的资源化利用。

5. 成都

1）监管措施

2014 年 1 月 1 日开始实施《成都市建筑垃圾处置管理条例》和《成都市建筑垃圾处置管理条例实施办法》，目的是加强建筑垃圾管理，维护城市市容环境卫生，保护和改善生态环境，以及促进经济社会可持续发展。条例对排放、处置、资源化利用有规定，但不够细致。

在政府投资项目使用再生产品的比例上，成都市内不同的区也有明确的规定。锦江区、青羊区、金牛区、武侯区、成华区及成都高新区、成都天府新区直管区范围内所有政府投资项目使用再生产品的比例，在市政道路工程中不得低于 15%，房屋建筑工程不得低于 5%。今后将不断加大对再生产品的政府采购，逐年提高再生产品最低使用比例。市、区（市）县各部门在城市基础设施和交通设施建设中优先使用再生产品。

2）技术措施

成都市建筑垃圾利用方式包括回填、场地平整、绿化堆坡，以及从施工现场简单分离砖头、金属和木材。成都市建筑垃圾提倡就近处理，不指定固定地点，规定运输路线。成都市在进行大型建筑拆迁时，在封闭式厂房进行破碎、分拣和处理，直接生产再生产品（表 1-1）。

成都市建筑垃圾资源化利用起步较晚，除简单再利用及少量试验性、临时性资源化利用设施外，尚未有稳定运行的建筑垃圾资源化处置项目。

（3）经济措施

2016 年成都发布了《成都市建筑垃圾资源化利用扶持政策》，扶持政策分为五个部分十八条。其中，第三部分明确了"执行国家现有的税收优惠政策"。第四部分提出了"推广使用建筑垃圾资源化处置再生产品"。根据国家相关政策，建筑砂石骨料生产企业所用的原料 90% 来自建筑废弃物的，可按规定享受 50% 增值税即征即退政策；砖瓦、砌块、墙板类产品生产企业所用的原料 70% 以上来自建筑垃圾的，该产品收入在计算应纳税所得额时，减按 90% 计入当年收入总额；以《西部地区鼓励类产业目录》中规定的产业项目为主营业务，且其主营业务收入占企业收入总额 70% 以上的企业，可减按 15% 的税率征收企业所得税。

表 1-1　成都市 2016 年各类建筑垃圾去向　　　　　　　　（单位：万吨）

项目		房建施工垃圾	建筑拆除垃圾	建筑装修垃圾	地铁及管廊施工垃圾	道路施工垃圾	合计	构成百分比
产量百分比		48.90%	9.23%	1.53%	17.69%	22.64%	约100%	—
数量		2272	429	71	822	1052	4646	100%
建筑垃圾的成分	渣土	2190			493	316	2999	64.55%
	工程泥浆	—			329	—	329	7.08%
	其他建筑废料	82	429	71	—	736	1318	28.37%
建筑垃圾的利用方式	填埋消纳量	909	300	71	575	631	2486	53.51%
	直接利用量	1363	129	—	247	421	2160	46.49%

资料来源：作者自绘。

6. 上海

1）监管措施

上海市建筑垃圾管理主要分为五个阶段：1992—1997 年，起步阶段，上海开始着手管理建筑垃圾；1997—2005 年，推动阶段，颁布建筑垃圾管理 53 号令，主要是对以前工作的总结，同时对不足之处进行修改；2005—2008 年，职能整合阶段，主要对各方责任进行划分，同时管理和执法分明；2009—2010 年，通过上海世博会进行知识创新，实现建筑垃圾运输定车和定价；2011 年到现在，在 2017 年 9 月正式颁布《上海市建筑垃圾处理管理规定》57 号令。

57 号令是在响应城市精细化管理和生态文明体制改革的大背景下颁布实施的。其目的是加强建筑垃圾的管理，促进源头减量减排和资源化利用，维护城市市容环境卫生。它适用于建筑垃圾的减量减排、循环利用，收集、运输、中转、分拣、消纳等处置活动，以及相关监督管理。对于建筑垃圾的处理原则及管理部门，57 号令都有明确规定，处理原则为减量化、资源化、无害化和谁产生谁承担处理责任；管理部门有上海市绿化和市容管理局、上海市住房和城乡建设管理委员会、上海市城市管理行政执法局，区人民政府是所辖区域管理的责任主体，乡镇、街道办事处为区域内建筑垃圾处理的源头管理及协同配合的实施主体。

2）技术措施

上海市的减量化措施主要有推广装配式建筑、全装修住宅、建筑信息模型（BIM）应用、绿色建筑设计标准等，促进建筑垃圾的源头减量；实施强制使用制度，明确再生产品使用的范围、比例和质量等方面的要求。

7. 北京

1）监管措施

北京市在 2011 年发布了《关于全面推进建筑垃圾综合管理循环利用工作的意见》作为指导北京市开展建筑垃圾资源化的纲领性文件，使北京在全国走在了前列。之后围绕该项工作，出台了一系列的政策文件。截至 2019 年 11 月，北京市投入建筑垃圾清运和消纳处置工作中的建筑垃圾运输企业共有 460 家，建筑垃圾消纳场所 77 处。

北京市非常注重建筑垃圾管理体系建设，从规范建筑垃圾运输管理入手，科学构架源头、运输、处理和循环利用全链条闭合管理体系，实施建筑垃圾综合治理，深入推进资源化处置，取得了一定成效。

北京市政府重视建筑垃圾资源化工作，陆续出台了推进建筑垃圾资源化的政策，政策已逐步覆盖建筑垃圾资源化的各个阶段。

2）技术措施

目前，北京市对建筑垃圾以综合利用为主、简易填埋为辅，大力推进资源化处置。综合利用即采取绿化回填、工程回填、土方平衡等方式处置建筑垃圾渣土。简易填埋即进入建筑垃圾消纳场所进行填埋处置。资源化处置即通过固定式资源化处置工厂或者现场临时性（或半固定式）资源化处置设施对拆除垃圾进行资源再生，其所形成的再生建材回用于工程建设。

1.3.3 经验启示

国外及国内发达区域对建筑垃圾资源化利用的研究已经相对成熟，并且形成了较为完善的建筑垃圾治理体系，明确了其无废化处理次序，以及不同环节的"无废"化重点。

（1）理念创新。在建筑垃圾治理过程中遵循可持续和绿色发展理念。

（2）重视建筑垃圾的源头减量。将从源头控制建筑垃圾产生作为建筑垃圾治理的首要环节和关键环节，其次是建筑垃圾的回收利用及资源化利用，最后才是填埋。

（3）刚弹性管理到位。建筑垃圾从产生到最终处置的全环节有完善的法律法规进行刚性约束；同时，在建筑垃圾资源化管理层面，有较为完善的建筑垃圾管理体系和管理机制。

（4）处置事前统筹。从城市规划角度对建筑垃圾治理进行统筹分析，提出科学合理的建筑垃圾资源化利用策略。

与此相比，我国大部分区域在建筑垃圾全过程管理及如何减量与资源化利用的理论研究和工程实践方面还有提升空间。具体而言，我国在建筑垃圾资源化利用方面，有以下问题值得深入探索。

（1）建筑垃圾资源化利用方式较为单一，现阶段我国只对附加值高的建筑垃圾进行资源化处理，对其他建筑垃圾资源化处理及利用研究较少。

（2）现阶段，我国对建筑垃圾资源化利用的研究较为零散，尚未构建完善的建筑垃圾全过程管理体系，各环节间联系不紧密，应注重对建筑垃圾的产生、收集、清运、资源化处理、终端处置等建筑垃圾全过程进行统筹研究。

（3）我国缺乏对建筑垃圾治理专项规划的研究，尚未对建筑垃圾治理体系中的各子系统进行统筹协同，导致各子系统之间联系不紧密，建筑垃圾资源化处理、处置设施的规模配置、空间布局和处理能力等尚待优化和提高。

1.4 我国建筑垃圾治理发展现状

我国对建筑垃圾的研究从 20 世纪 80 年代才逐步展开，且对建筑垃圾资源化利用方面的研究较为零碎。近年来，各地管理层、学者层相关专家等在法律法规、建筑垃圾处理、资源化利用等方面的研究初有成效。由于城市更新、城镇化的影响，我国已经陷入建筑垃圾围城的困境，而且我国建筑垃圾的利用率很低。在此情况下，国家制定了一系列法律法规，加快推进建筑垃圾的综合利用，试点城市也陆续开始编制建筑垃圾治理专项规划，但目前建筑垃圾资源化利用仍然存在诸多问题，如尚未形成完整的城市建筑垃圾资源化利用体系。由此可见，研究并逐步破解城市建筑资源化利用的困境是当前我国改善人居环境所面临的实际问题之一。

1.4.1 法律法规

1996 年我国制定的《城市垃圾产生源分类及垃圾排放》（CJ/T 3033—1996）中将建筑垃圾定义为城市中新建、扩建、改建及维修建、构筑物的施工现场产生的垃圾，之后我国陆续制定了许多法律法规对建筑垃圾资源化进行指导，建立了制度体系的雏形。本书根据相关资料将 2002 年至 2021 年关于建筑垃圾资源化利用的法律法规、政策绘制成表（表 9-1）。其中，2020 年 4 月 29 日十三届全国人大常委会第十七次会议审议通过修订后的《中华人民共和国固体废物污染环境防治法》（以下简称"新固废法"，自 2020 年 9 月 1 日起施行）、2021 年 2 月 22 日国务院印发的《关于加快建立健全绿色低碳循环发展经济体系的指导意见》对建筑垃圾的资源化利用产生了较大的影响，本书将对它们进行简要的分析。

新固废法顺应固体废物发展需求，以实践中的问题为导向进行修订，在新增加的三章内容中，其中有一章专写建筑垃圾，这为建筑垃圾资源化产业发展提供了明确的上位法支撑，具体可从以下几个方面分析。其一，新固废法明确了政府的责任。县级以上地方人民政府应当加强建筑垃圾环境污染的防治，建立建筑垃圾分类处理制度，制定包括源头减量、分类处理、消纳设施和场所布局及建设等在内的建筑垃圾污染环境防治工作规划。国家实行固体废物污染环境防治目标责任制和考核评价制度，将固体废物污染环境防治目标完成情况纳入考核评价的内容。其二，明确了源头减量的重要性。新固废法提出：国家鼓励采用先进技术、工艺、设备和管理措施，推进建筑垃圾源头减量，建立建筑垃圾回收利用体系。2020 年，住房和城乡建设部已出台了《关于推进建筑垃圾减量化的指导意见》和《施工现场建筑垃圾减量化指导手册》（试行），这就是对新固废法要求最好的落实。其三，采取利于产业发展的多种措施。针对建筑垃圾处理设施建设项目落地难的问题，规定："国务院有关部门、县级以上地方人民政府及其有关部门在编制国土空间规划和相关专项规划时，应当统筹生活垃圾、建筑垃圾、危险废物等固体废物转运、集中处置等设施建设需求，保障转运、集中处置等设施用地。"针对目前建筑垃圾资源化处理企业再生产品销售难的困境，提出："县级以上地方人民政府应当推动建筑垃圾综合利用产品应用。"针对目前建筑垃圾处理从业单位企业小，技术基础差，不具备研发条件，新固废法提出："国家鼓励和支持科研单位、固体废物产生单位、固体废物利用单位、固体废物处置单位等联合攻关，研究开发固体废物综合利用、集中处置等的新技术，推动固体废物污染环境防治技术进步。"随着新固废法的实施，建筑垃圾治理工作迎来一个新局面，建筑垃圾资源化产业迎来新发展。

国务院印发《关于加快建立健全绿色低碳循环发展经济体系的指导意见》，提出建立健全绿色低碳循环发展经济体系，促进经济社会发展全面绿色转型，是解决我国资源环境生态问题的基础之策，提出了到 2025 和 2035 年的具体目标，并从六个方面部署了重点工作任务。例如，推进建筑垃圾分类回收与再生资源回收的"双网融合"；推动绿色设计，促进清洁生产，提高资源利用的效率；按照产生者付费原则，建立健全垃圾处理收费制度。

随着国家"十四五"发展目标及相关政策标准的相继出台，"无废城市"试点建设工作持续推进，固体废物处理利用行业和市场得到进一步规范化发展，固体废物减量化和循环利用水平得到进一步提高。尽管如此，通过全国人大常委会《中华人民共和国固体废物污染环境防治法》执法检查及中央生态环境保护督察等工作的开展，可看出我国固体废物处理利用行业存在着配套政策标准名录制修订工作相对滞后，部分固体废物分类模糊、收集转运困难、处置利用能力和技术存在短板，污染防治和规范化环境管理工作亟待加强等问题。

1.4.2 产业政策

我国近年来相继出台了许多关于建筑垃圾综合利用的政策制度，加强对建筑垃圾循环利用的刚性约束力，全面提升建筑垃圾循环利用水平，并改进建筑垃圾综合利用方式。表 1-2 中所列即为国家层面关于建筑垃圾资源化产业发展的政策。

此外，随着国家层面产业政策逐渐清晰，各地纷纷出台建筑垃圾相关管理办法甚至条例，各地的政策与制度设计呈现明显的地域性特色，成为地方开展工作的重

表 1-2　国家层面关于建筑垃圾资源化产业发展的政策

名称	有关内容
《关于转发发展改革委、住房和城乡建设部〈绿色建筑行动方案〉的通知》（国办发〔2013〕1 号）	推进建筑废弃物资源化利用
《关于印发〈循环经济发展战略及近期行动计划〉的通知》（国发〔2013〕5 号）	推动利废建材规模化发展
《工业固体废物综合利用先进适用技术目录（第一批）》（2013 年第 18 号公告）	废弃混凝土资源循环利用技术；固体废弃物制作新型墙材技术（以建筑垃圾为主要原料）
《关于加快发展节能环保产业的意见》（国发〔2013〕30 号）	深化废弃物综合利用
《关于印发〈资源综合利用产品和劳务增值税优惠目录〉的通知》（财税〔2015〕78 号）	再生粗、细骨料享受 50% 的退税比例。建筑垃圾再生混凝土、砂浆、砌块等，享受 70% 的退税比例
《关于深入推进新型城镇化建设的若干意见》（国发〔2016〕8 号）	基本建立建筑垃圾……回收和再生利用体系，建设循环型城市
《关于进一步加强城市规划建设管理工作的若干意见》（2016 年 2 月 6 日发）	力争用 5 年左右时间，基本建立餐厨废弃物和建筑垃圾回收和再生利用体系
《关于促进建材工业稳增长调结构增效益的指导意见》（国办发〔2016〕34 号）	积极利用尾矿废石、建筑垃圾等固废替代自然资源，发展机制砂石、混凝土掺合料、砌块墙体、低碳水泥等产品
《建筑垃圾资源化利用行业规范条件》（2016 年第 71 号公告）	对建筑垃圾资源化生产企业的设立和布局、生产规模和管理……资源综合利用及能源消耗、环境保护、安全生产、监督管理等进行了规范
《战略性新兴产业重点产品和服务指导目录（2016 版）》（2017 年第 1 号公告）	建筑废弃物和道路沥青资源化无害化利用，移动式和固定式相结合的建筑废弃物综合利用成套设备，建筑废弃物生产道路结构层材料、人行道透水材料、市政设施复合材料等
《关于印发〈循环发展引领行动〉的通知》（2017 年 4 月 21 日）	把对建筑垃圾资源化利用的要求列入绿色建筑、生态建筑评价体系。到 2020 年，城市建筑垃圾资源化处理率达到 13%

名称	有关内容
《关于印发〈全国城市市政基础设施建设"十三五"规划〉的通知》（建城〔2017〕116号）	新增建筑垃圾资源化利用能力108.29万吨/日
《国家工业资源综合利用先进适用技术装备目录》（2017年第40号公告）	建筑垃圾生产再生骨料及再生无机混合料技术等多项技术与装备
《关于推进资源循环利用基地建设的指导意见》（发改办环资〔2017〕1778号）	资源循环利用基地是对废钢铁、废有色金属、废旧轮胎、建筑垃圾……城市废弃物进行分类利用和集中处置的场所
《关于开展建筑垃圾治理试点工作的通知》（建城函〔2018〕65号）	从加强规划引导、开展存量治理、加快设施建设、推动资源化利用、建立长效机制、完善相关制度几个方面提出了试点任务。确定在北京、上海、深圳等35个城市开展试点工作
《关于印发〈"无废城市"建设试点工作方案〉的通知》（国办发〔2018〕128号）	明确规划期内城市基础设施保障能力需求，将……建筑垃圾……固体废物分类收集和无害化处理设施纳入城市基础设施和公共设施范围，依法依规保障设施用地
《关于推进大宗固体废弃物综合利用产业集聚发展的通知》（发改办环资〔2019〕44号）	到2020年，建设50个大宗固体废弃物综合利用基地、50个工业资源综合利用基地，基地废弃物综合利用率达到75%以上
《关于印发〈绿色产业指导目录（2019年版）〉的通知》（发改环资〔2019〕293号）	将建筑废弃物、道路废弃物资源化无害化利用装备制造列入资源化循环利用装备制造目录
《产业结构调整指导目录（2019年本）》（2019年第29号令）	将建筑垃圾处理和再利用工艺技术装备（处理量在100吨/小时以上）列入鼓励类产业目录
《关于促进砂石行业健康有序发展的指导意见》	鼓励利用建筑拆除垃圾等固废资源生产砂石替代材料，清理不合理的区域限制措施，增加再生砂石供给
《关于推进建筑垃圾减量化的指导意见》（建质〔2020〕46号）	包括建筑垃圾减量化的总体要求、基本原则、工作目标及主要措施等内容
《关于印发〈绿色债券支持项目目录（2020年版）〉的通知（征求意见稿）》	将"利用建筑、道路拆除、维修废弃物混杂料……原材料，综合利用成套设备制造及贸易活动"纳入支持目录
《关于"十四五"大宗固体废弃物综合利用的指导意见》（发改环资〔2021〕381号）	加强建筑垃圾分类处理和回收利用，规范资源化利用场所建设和运营，推动建筑垃圾综合利用产品应用。 在建筑垃圾、农作物秸秆等大宗固废综合利用领域，培育50家具有较强上下游产业带动能力、掌握核心技术、市场占有率高的综合利用型骨干企业
《关于加快推进城镇环境基础设施建设的指导意见》（国办函〔2022〕7号）	部署加快推进城镇环境基础设施建设，助力稳投资和深入打好污染防治攻坚战

资料来源：作者自绘。

要依据。截止到 2022 年 10 月，25 个省级行政区（不含港澳台地区）出台了建筑垃圾管理与资源化相关指导意见或管理办法，33 个地级行政区通过了人大立法，199 个地级行政区制定了规章制度（表 1-3）。近年新出台的指导意见、管理办法和条例均对建筑垃圾资源化利用作了明确要求。

表 1-3 全国省、市、区（不含港澳台地区）建筑垃圾管理制度统计

层级	数量	占比	其中：规章制度		其中：人大立法	
			数量	比例	数量	比例
省级行政区	31	25	80.65%	24	77.42%	1	3.23%
地级行政区	333	232	69.67%	199	59.76%	33	9.91%

资料来源：中国城市环境卫生协会建筑垃圾管理与资源化工作委员会统计数据（截至 2022 年 10 月，含部分尚在征求意见中的文件），徐玉波整理及绘制

1.4.3　建筑垃圾产生量与处理量

随着城镇化浪潮的席卷、城市更新的推进，我国产生了海量的建筑垃圾。建筑垃圾的产生与建筑业的发展息息相关。在存量优化时代，建筑拆除、改建、新建同步推进，并且随着我国城市化进程的加快，建筑更新占比会逐渐增多，在此过程中，大量的建筑拆除垃圾及建筑装修垃圾不断产生。

通过建筑业房屋施工面积来判断我国建筑垃圾的数量增长具有一定的现实意义。据测算，每 10 000 平方米建筑施工面积平均产生 550 吨建筑垃圾，建筑施工面积对城市建筑垃圾产量的贡献率为 48%。从 2006 年至 2014 年，我国建筑业房屋施工面积呈指数型增长，建筑垃圾数量也很可能呈指数型快速增长趋势；2014 年至 2017 年，我国建筑业房屋施工面积增长明显放缓（图 1-2）。

从存量来看，我国过去 50 年间至少生产了 300 亿立方米的黏土砖，在未来 50 年它们大多会转化成建筑垃圾。按照我国《民用建筑设计统一标准》（GB 50352—2019），重要建筑和高层建筑主体结构的耐久年限为 100 年，一般性建筑为 50 ～ 100 年。我国现有 500 亿平方米的建筑，未来 100 年内，由于其结构性损毁、功能性拆除等也大多将被转化为建筑垃圾。而且在"十一五"期间，我国共有 46 亿平方米的建筑被拆除，其中 20 亿平方米的建筑在拆除时其寿命小于 40 年。

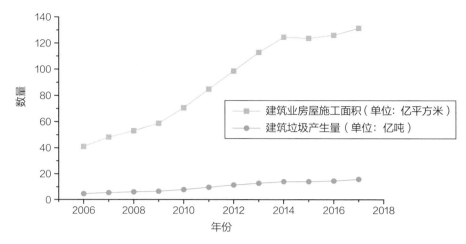

图 1-2　建筑业房屋施工面积与建筑垃圾的产生量的对应关系

（资料来源：作者自绘）

统计数据表明，近年来随着我国的新建、改扩建及基础设施建设，建筑垃圾排放进入高增长期，从图 1-2 可以看出我国近年来建筑垃圾的增长情况，它与图 1-3 的数据大体吻合。我国建筑垃圾总量在不断增长，但是分布并不均衡，在一些处在大规模房建和基础设施建设期的城市，建筑垃圾产生量明显高于其他城市。

图 1-3　我国近年来建筑垃圾的产生量

（资料来源：作者自绘）

1.4.4 建筑垃圾资源化利用率

长期以来，我国建筑垃圾的资源化利用缺乏强有力的立法支撑和精准的政策支持，建筑垃圾资源化利用率较低。但随着政策标准的完善，国家对建筑垃圾资源化利用的大力扶持，各地地方政府的积极落实，学者的有益探索（表1-4），我国建筑垃圾资源化已经具备相应的技术条件，并且建筑垃圾资源化技术已经逐步成型。随

表1-4 我国建筑垃圾资源化研究进展

内容	时期	研究进展
建筑垃圾再生集料及其配制新混凝土的研究	"十五"	对比国内外研究成果找到了一种有效的物理强化技术，验证使用建筑垃圾再生骨料配制混凝土是完全可行的；提出了对再生粗、细骨料的分类建议
地震灾区建筑垃圾再生混凝土制品生产技术及其示范生产线	"十一五"	在地震灾区建成建筑垃圾再生混凝土墙板、块材和构件三条制品示范生产线；研发"建筑垃圾再生混凝土墙体板材标准"与"建筑垃圾再生混凝土构件标准"；建成一座节能抗震示范办公楼
地震灾区建筑垃圾资源化与抗震节能房屋建设科技示范	"十一五"	建成并投产2个建筑垃圾资源化示范生产基地。集成了建筑垃圾资源化产品产业链生产工艺，制定了《建筑垃圾再生骨料品质控制指标》《再生骨料配制混凝土和建筑砂浆技术》和《再生骨料应用技术指南》
建筑垃圾再生产品的研究开发	"十一五"	研究开发建筑垃圾再生混凝土骨料、再生混凝土、蒸压制品、混凝土砌块和建筑垃圾在建筑地基基础中的再生利用
固体废弃物本地化再生建材利用成套技术	"十二五"	研发固定式建筑废弃物整体处理系统，它是可将建筑垃圾完全分离的设备
《循环发展引领计划》（提出"加快建筑垃圾资源化利用"）	"十三五"	完善建筑垃圾回收网络，加强分类回收和分选。探索建立建筑垃圾资源化利用的技术模式和商业模式。继续推进利用建筑垃圾生产粗、细骨料和再生填料，规模化运用于路基填充、路面底基层等建设。提高建筑垃圾资源化利用的技术装备水平，将使用建筑垃圾生产的建材产品纳入新型墙材推广目录。把建筑垃圾资源化利用的要求列入绿色建筑、生态建筑评价体系
实施建筑垃圾资源化利用示范工程	"十四五"	推行建筑垃圾源头减量，建立建筑垃圾分类管理制度，规范建筑垃圾堆放、中转和资源化利用场所建设和运营管理。完善建筑垃圾回收利用政策和再生产品认证标准体系，推进工程渣土、工程泥浆、拆除垃圾、工程垃圾、装修垃圾等资源化利用，扩大再生产品的市场使用规模。培育建筑垃圾资源化利用行业骨干企业，加快建筑垃圾资源化利用新技术、新工艺、新装备的开发、应用与集成

资料来源：作者自绘。

着建筑垃圾市场规模的不断扩大，资源化利用率的不断提高，我国建筑垃圾资源化处理市场规模也将逐年扩大[1]。

2018年，伴随着相关政策的陆续出台、建筑垃圾试点工作的推进和无废城市理念的提出，建筑垃圾资源化进程提速，许多城市的建筑垃圾资源化工作取得了较为明显的进展，全国层面建筑垃圾资源化率约为10%，建筑垃圾治理试点城市的建筑垃圾资源化率均在20%以上，不含工程渣土、工程泥浆在内的建筑垃圾资源化利用率平均近65%。

虽然我国建筑垃圾资源化利用率有了显著提高，但与一些国家相比，仍然存在一定的差距，如日本和韩国的建筑垃圾综合利用率在95%以上（图1-4）。早在1988年，在日本东京的建筑垃圾再利用率就达到了56%。在日本很多地区，建筑垃圾再利用率已达100%。美国每年有1亿吨废弃混凝土被加工成骨料用于工程建设，其中，再生骨料的68%被用于道路基础建设，6%被用于搅拌混凝土，9%被用于搅拌沥青混凝土，3%被用于边坡防护，7%被用于回填基坑，7%被用在其他地方。

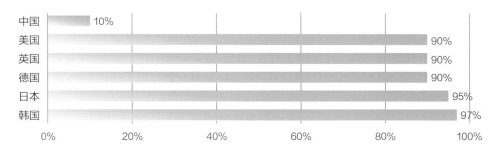

图1-4　不同国家建筑垃圾综合利用率对比
（资料来源：作者自绘）

---

[1] 前瞻经济学人. https://www.qianzhan.com/analyst/detail/220/210422-a6221951.html.

1.4.5 我国建筑垃圾治理存在问题

通过上述分析得出，我国建筑垃圾治理进程仍较为缓慢，资源化利用率较低。主要有以下四个方面的原因。

1. 建筑垃圾资源化意识薄弱

基于城市的可持续发展层面，不能把建筑垃圾处理和一般垃圾处理混为一谈。首先，建筑垃圾处理时要遵循循环经济发展理念，从建筑垃圾处理环节上看，要重视建筑垃圾从城市规划、建筑设计、建筑施工到建筑垃圾产生、收集、运输、处理、综合利用、消纳的全过程，而不是仅仅关注建筑垃圾的末端处置；从建筑垃圾参与主体上看，考虑到循环经济的发展，必须由政府、资源化企业、施工单位、社会群众等多主体全面参与，互相协同，共同参与建筑垃圾综合处理和利用，在不同环节发挥各自的作用，履行各自的职责，而一般的垃圾处理只涉及环境卫生系统，参与人员较少。其次，由于管理部门、企业等对建筑垃圾资源化认识和定位不准，准入门槛低，企业多以民营为主，规模小，缺少经验和研发能力，部分企业对建筑垃圾资源化处置仅停留在破碎、筛分等环节上，使得"大垃圾"变成"小垃圾"，利用方式粗放，精度和深度远远不能满足市场需求，市场占有率低。最后，建筑垃圾产生量区域性波动较大、成分复杂、运距不宜过长等特点决定了资源化处理的高成本，处理好了是资源，处理不好还是垃圾。过度强调资源价值，忽视其环境价值，则会影响行业的健康发展。因此，充分认识建筑垃圾治理的社会环境价值，还需要全社会的投入。

2. 顶层规划不到位，项目落地困难

一是城市更新过程中建筑拆除缺少全局统筹规划，建筑物拆除的必要性缺乏评估，拆除过程的精细化管理有待加强。建筑垃圾数量在一些地区一定时间内发生井喷，一段时间内又无原料可供，给建筑垃圾资源化处理带来巨大压力，造成行业的无序发展。二是建筑垃圾资源化设施缺少专项规划和准确定位，各地专项规划与环卫设施专项规划、城市总体规划之间没有协调统一，资源化设施的用地难导致运营难。资源化设施、处置场等落地项目涉及环保、土地、规划等多个部门，审批周期长，加之政府及公众对建筑垃圾的认识存在偏差，有很强的"邻避效应"意识，导致项

目落地难，尤其是处置场的落地更是难上加难。许多项目用地为临时性用地，难以实现可持续发展，专项规划指导作用不到位。三是建筑垃圾中掺杂生活垃圾和不稳定因素（塑料、纺织品等），给建筑垃圾处理和资源化增加了难度和成本，导致我国对建筑垃圾的治理投资仅占环境治理总投资的 6% 左右，当年完成环保验收项目的环保投资占环境污染治理投资的 30% 左右。相对来说，在建筑垃圾资源化方面的投资更少。建筑垃圾组成成分复杂多样，来源具有不确定性，且数量较难精确预估。同时，我国建筑垃圾资源化利用的专用工艺、设备及处理方式也相对单一落后。

3. 管理制度不完善，执行效果不佳

在管理层面，体制机制不完善。在地方层面，住建和城管是两个独立的部门，运输又由交管和公安主管，管理链条上存在碎片化与空白。在执行层面，处置企业的原料得不到保障，下游缺少应用企业。建设项目规划、立项、设计等前期阶段应用要求缺失，后期质量监控、验收等环节管控乏力，导致再生产品应用难。资源化企业产量远低于设计能力，再生产品积压，导致企业生存困难。《资源综合利用产品和劳务增值税优惠目录》（财税〔2015〕78 号）运行以来，建筑垃圾产生者的付费责任仍得不到落实，增值税优惠也难以及时落实到资源化企业。目前大多数城市没有制定合理的分类差异计价标准，地方上建筑垃圾处理费只考虑填埋而不考虑社会环境成本，存在排放费低于处置费或排放费征收不到位的现象，导致资源化企业的积极性不高，不能全面接收所有建筑垃圾，只接收残值较高的废混凝土类建筑垃圾。

4. 资源化利用率低，再生产品缺乏市场

美国、英国等国家的建筑垃圾循环利用率大多在 90% 左右，有些国家甚至接近100%，而我国建筑垃圾资源化率仅为 10% 左右。较大原因是我国建筑垃圾资源化后的再生产品，缺少详细的技术规范和安全认证标准，使得社会公众和建筑企业对再生产品的质量和安全性持怀疑态度，使用意愿较低，再生产品缺乏市场，利用率低。

2

建筑垃圾资源化规划体系构建

党的"十八大"以来基于生态文明建设的高质量发展和绿色更新，乃至"双碳"理念的减碳降碳，建筑垃圾的减量化、资源化越来越受到重视，建筑垃圾治理被纳入固废法，建筑垃圾综合利用被归入可持续发展。但是由于我国建筑垃圾综合利用研究起步晚，前置研究意识相对薄弱，如何实现源头减量、绿色治理和可持续利用的建筑垃圾规划是实现建筑垃圾整体高质量治理的研究基础，也是在国土空间规划格局下，将建筑垃圾纳入城乡统筹研究的重要内容。同时，建筑垃圾资源化规划是城乡发展进入下半场，拉动存量的重要研究方向。

2.1　理论基础

2.1.1　可持续发展理论

1. 发展历程

城市快速发展，在提高人们生活水平的同时，也产生了一些弊端。面对资源短缺、环境污染严重、垃圾围城的严峻形势，生态保护是城市建设和发展的前提，将环境保护放在首位是城市规划必须遵循的原则。1972 年人类环境会议中提出"可持续发展"的定义。1987 年发布的《我们共同的未来》报告中提出其概念为："在符合当今人们需要的同时，不损害后代子孙实现其需要的能力的发展形式。"可持续发展即通过"低能耗、低污染、高收益"的良好发展循环维持人与自然的平衡，控制环境污染。在把人类利益作为发展目标的同时尊重自然和社会发展的客观规律，综合考虑人类的局部利益和整体利益、眼前利益和长远利益。到今天，我们普遍将可持续发展定义为：既满足当代人的需要，又不对后代人满足其需要的能力构成危害的发展。

2. 主要内容

可持续发展是一种健康持久的经济发展形式，强调人与自然的和谐共生，经济发展要与资源、环境承载能力相适应，既能符合现阶段的发展需求，又能满足未来发展需求，目的是降低对环境的影响，达到效益最大化。

在具体内容方面，可持续发展的核心是处理好经济发展与资源环境承载能力之间的关系，摒弃传统只追求经济快速发展的方式，要求经济发展的速度、规模必须在环境可承载力范围内，强调发展的合理性、科学性与持续性。可持续发展理论包含经济、生态与社会三者的可持续发展，作为可持续发展理论的实现根基，经济可持续发展要求人类改变过去"高投入、高消耗、高污染"的落后发展模式，节约资源、减少垃圾、保护环境，逐步实现"低能耗、低污染、高收益"的良好发展循环。可持续发展理论通过生态可持续发展来实现，人类不能为了经济的发展而放弃环境的保护，而应在环境承载力范围内实现经济的发展，经济社会与生态社会并重，重视发展模式，从源头保护环境。可持续发展理论最终要实现的是社会的可持续发展，改善人类生活，提高人类生活健康水平，保障人类的平等、自由、和谐发展。可持续发展的本质是价值观的创新，由过去的人与自然对立转变为人与自然和谐共生。这表明，可持续发展虽然起源于环境保护问题，但作为一个指导人类走向 21 世纪的发展理论，它已经超越了单纯的环境保护。它将环境问题与发展问题有机地结合起来，已经成为一个有关社会经济发展的全面性战略。

3. 对建筑垃圾治理工作的指导

建筑垃圾围城现象已经阻碍了城市的经济发展，对居民的生产和生活环境造成了严重影响。可持续发展理论在城市建筑垃圾治理工作中的应用，本质是城市建设和发展模式的转变，亦即需要改变原有城市建设活动中"高投入、高污染、高损耗"的"三高"建设模式，追求整个城市建设过程中建筑垃圾的减量化、资源化、无害化，实现高收益、低损耗、低污染的目标，提高建筑垃圾的综合利用水平，在城市发展和建设过程中尽可能降低资源能源的损耗，减少其对环境的影响，提升城市环境品质，实现城市的生态、经济、社会发展效益最大化。这不仅有助于扩展可持续发展理论的应用范畴，还是其经济和生态可持续发展目标的具体体现。过去粗放的城市化发展产生了大量的建筑垃圾，在未来的城市化进程中，我们要以可持续发展理论为指引，推进建筑垃圾的源头减量和综合利用工作，减少建筑垃圾的排放，大力实现建筑垃圾资源化利用，在节约自然资源和土地资源的同时，减少建筑垃圾对环境的影响，促进城市生态和经济可持续发展。

2.1.2 循环经济理论

1. 发展历程

循环经济是与线性经济相对的，是以物质资源的循环使用为特征的。循环经济的思想萌芽可以追溯到环境保护兴起的 20 世纪 60 年代。1962 年美国生态学家蕾切尔·卡森发表了《寂静的春天》，指出生物界及人类所面临的危险。"循环经济"一词，首先由美国经济学家肯尼斯·波尔丁提出，主要指在人、自然资源和科学技术的大系统内，在资源投入、企业生产、产品消费及其废弃的全过程中，把传统的依赖资源消耗的线性增长经济，转变为依靠生态型资源循环来发展的经济。其"宇宙飞船理论"可以作为循环经济的早期代表。

在 20 世纪 70 年代，循环经济的思想只是一种理念，当时人们关心的主要是对污染物的无害化处理。20 世纪 80 年代，人们认识到应采用资源化的方式处理废弃物。20 世纪 90 年代，特别是可持续发展战略成为世界潮流的近些年，环境保护、清洁生产、绿色消费和废弃物的再生利用等才整合为一套以资源循环利用、避免废物产生为特征的系统的循环经济战略。20 世纪 90 年代之后，发展知识经济和循环经济成为国际社会的两大趋势。

2. 主要内容

发展循环经济是实现城市可持续发展目标的必要条件，也是生态城市建设的必经之路。它的形成和发展源自人们对环境污染、资源危机、生态破坏等问题的反思，循环经济理论的提出将传统的经济发展方式转变为绿色环保型物质循环利用的新发展模式，它象征着一种资源循环使用的可持续经济，基于系统工程的方法，使人类在城市建设和经济发展中遵循生态优先原则，使之形成"资源—产品—使用—再生资源"的循环经济模式（图 2-1），在产生最高经济效益的同时也带来生态、环境效益最大化。下面从系统观、经济观、价值观和生产观四个方面阐述其主要内涵。

循环经济的系统观：循环经济与生态经济都要求人类在考虑生产和消费时，将自身作为由人、自然资源和科学技术等要素构成的大系统中的一部分来研究符合客观规律的经济原则，不能把自身置于这个大系统之外。要从自然-经济大系统出发，对物质转化的全过程采取战略性、综合性、预防性措施，降低经济活动对资源环境

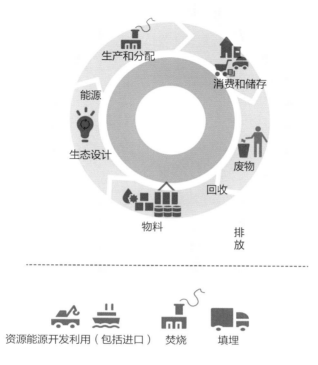

图 2-1 循环经济模式图

的过度使用以及对人类所造成的负面影响，使人类经济社会的循环与自然循环更好地融合起来，实现区域物质流、能量流、资金流的系统优化配置。

循环经济的经济观：要求用生态学和生态经济学规律来指导生产活动，经济活动要在生态可承受范围内进行，超过资源承载能力的循环是恶性循环，会造成生态系统退化，只有在资源承载能力之内的良性循环，才能使生态系统平衡地发展。循环经济是用先进生产技术、替代技术、减量技术、共生链接技术、废旧资源利用技术及"零排放"技术等支撑的经济，不是传统的低水平物质循环利用方式下的经济。这就要求在建立循环经济的支撑技术体系上多下功夫。

循环经济的价值观：在考虑自然资源时，不仅要视其为可被利用的资源，而且要维持良性循环的生态系统；在考虑科学技术时，不仅要考虑其对自然的开发能力，而且要充分考虑技术对生态系统的维系和修复能力，使之成为有益于环境的技术；在考虑人自身发展时，不仅要考虑人对自然的改造能力，而且更要重视人与自然和谐相处的能力，以促进人类社会的全面发展。

循环经济的生产观：要从循环意义上发展经济，用符合清洁生产、环保要求的方式从事生产活动。要充分考虑自然生态系统的承载能力，尽可能地节约自然资源，不断提高自然资源的利用效率。要从生产的源头和全过程充分利用资源，使每个企业在生产过程中少投入、少排放、高利用，达到废物排放最小化、资源化、无害化，使上游企业的废物成为下游企业的原料，实现区域或企业群的资源有效利用。要用生态链条把工业与农业、生产与消费、城区与郊区、行业与行业有机结合起来，实现生产和消费的可持续，逐步建成循环型社会。

3. 对建筑垃圾治理工作的指导

循环经济理论指导建筑垃圾资源化利用时要遵循"3R"原则，即减量减排（reduce）、重复利用（reuse）、循环使用（recycle），使建筑垃圾能够得到高效处理和循环利用，产生最大的经济效益和环境效益，减少资源浪费，降低建筑垃圾的产生和排放，减轻生态环境压力。基于循环经济理论的建筑垃圾资源化利用规划须在严格的建筑垃圾分类回收、运输、处置及资源化的基础上，充分发挥蕴藏于建筑垃圾自身的资源属性，使其带来经济效益，实现各方效益最大化。

将循环经济理论应用到建筑垃圾资源化利用规划中可以通过事前评估与策划、资源化利用和无害化处置三条技术路径来实现。建筑垃圾事前评估与策划首先要对建筑垃圾组成成分进行分析，根据建筑使用年限将建筑划分成不同建筑垃圾产生组，并科学预测建筑垃圾产生量。建筑垃圾的资源化利用依据科学规划和优化设施布局，提升综合利用建筑垃圾的能力，建设建筑垃圾综合利用产业园，加快推进建筑垃圾产业化发展，达到资源的有效利用，从而减少建筑垃圾对环境的最终排放量。建筑垃圾无害化处置应运用先进技术，减少建筑垃圾排放，使用清洁生产方式，使建筑垃圾无害化，降低环境污染。

2.1.3　城市更新理论

1. 发展历程

现代意义上大规模的城市更新运动始于 20 世纪六七十年代的美国。当时的城市更新是面对高速城市化后由种族、宗教、收入等差异而造成的居住分化与社会冲突问题，以清除贫民窟为目标，由联邦政府补贴地方政府对贫民窟土地予以征收，然后以较低价格转售给开发商进行"城市更新"。虽然城市更新综合了改善居住条件、整治环境、振兴经济等目标，较以往单纯以优化城市布局、改善基础设施为主的"旧城改造"涵盖了更多、更广的内容，但是其所引发的社会问题相当多，特别是对有色人种和贫穷社区的拆迁显然有失公平，因而受到社会严厉批评而不得不终止。20世纪80年代后，美国的大规模城市更新已经停止，总体上进入了谨慎的、渐进的、以社区邻里更新为主要形式的小规模再开发阶段。在最早的工业化国家英国，城市更新的任务更加突出，也更倾向于使用"城市再生"这个字眼，其表征的意义已经不只是城市物质环境的改善，而有更广泛的社会与经济复兴意义。

2. 主要内容

城市更新是将城市中已经不适应现代化社会生活的地区做必要的、有计划的改建活动，使之重新适应城市发展需要。城市更新的主要方式分为再开发、整治改善、保护。从目标来看，城市更新是城市计划主动创造良好的城市环境的关键环节，城市更新的行动目的和城市计划的本意皆在营造一个好的城市环境。从对象选择来看，城市更新是对城市中已建成区不良环境的改造行动。一般会以为城市中心的丑陋地区才是城市更新的对象，其实这类地区往往只是亟须改造而已，其他凡是不能令人满意的环境，都应是城市更新的对象。从手段选择来看，城市更新并非仅限于重建、整建、维护这三种实质层面的行动，凡是能改善既存不良环境的手段，均可能被采取。此外，因为城市环境不只指实质环境，还包含不可分的心理、社会、文化的因素，所以在手段的选择上必须是个案处理。从过程来看，城市更新是没有极限、持续进行的过程。只要城市继续成长，新的环境变化信息不断输入，城市更新便不会停止。

3. 对建筑垃圾治理工作的指导

无论是再开发、整治改善还是保护的城市更新方式，都会产生建筑垃圾，建筑垃圾的回收利用与处理是城市更新过程中的重要工作。在再开发过程中，应对拆除建筑所产生的建筑垃圾进行科学分类与评估，采取清洁无害方式进行处理，达到资源有效再利用。对于整治改善和保护的街区，应尽可能降低资源能源的损耗，采取清洁能源等方式进行城市更新，对人口密度、建筑物用途等进行合理配置，减少对环境的影响，提升城市环境品质。

2.1.4 生命周期理论

1. 发展历程

生命周期理论始于 20 世纪 30 年代，最初被生物学家用于描述生命或家庭的生存周期，是指出生、成长、衰老、病死等生命的发展全历程。随着众多学者的不断研究，在能源危机时代，生命周期的内涵逐渐延伸到能源领域。后来生命周期理论逐渐被应用到各行各业，如企业、产品、客户等，但更多仍然运用于能源的利用与废物排放与废物包装领域。总而言之，生命周期理论是用来衡量事物从发展、成长、成熟到衰退等各个阶段的工具，为决策者提供规避风险的机会。赫塞与布兰查德于1976 年发展了这一理论，开始将其运用于建筑领域中对建筑生命周期的费用核算。目前，生命周期理论的概念运用广泛，对于某个产品来说，其涵盖了产品"从产生到消失"整个周期物质转变的过程。通俗地讲，生命周期理论可以定义为产品从取得原材料进行加工、产品的运输与贮存，到产品的使用及产品的报废和处置等一系列过程 [1]。

2. 主要内容

生命周期模型是一种简单明确的竞争地位的定位方法，它是推断产业竞争状况，并确定组织战略的广泛采用的一个模型。许多环境因素会影响竞争的途径和程度，都可以通过其所决定的产业生命周期阶段来理解。行业的生命周期指行业从出现到完全退出社会经济活动所经历的时间，如生命周期模型所示，行业的生命发展周期主要包括四个发展阶段：启动阶段、成长阶段、成熟阶段、衰落阶段 [2]（图 2-2）。

3. 对建筑垃圾治理工作的指导

对建筑垃圾进行有效的回收再加工是提高建筑垃圾资源化利用水平的主要方式之一，依据生命周期理论，则需要从建筑工程的全生命周期各环节考虑其环境影响，从建筑垃圾产生到处理直至再生产品被应用的全过程考虑其经济利益的驱动，从建筑垃圾的全产业链的全过程管理的角度提供管理支撑。

---

[1] 吴杨. 低碳建筑评价体系研究——基于生命周期评价理论的研究 [J]. 重庆：重庆理工大学学报（自然科学版），2015，29（11）：96-100.
[2] 黄卫平，彭刚. 国际经济学教程 [M]. 2 版. 北京：中国人民大学出版社，2012.

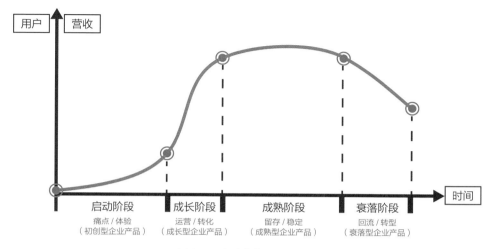

图 2-2 产品生命周期概述图

（资料来源：百度百科，"产品生命周期理论"词条）

2.2 原则与目标

2.2.1 新时期对建筑垃圾资源化的要求

回顾现代城市的发展，不同时期的社会发展理念包含和反映了当时的社会价值导向，对城市规划思想、处理建筑垃圾的工作思路及资源化的工作重点均会产生较大影响，不同时期会有所差异。当前我国的建筑垃圾治理工作正面临新宏观发展环境，必须树立引导建筑垃圾资源化的科学思想和理念，这不仅是正确制定建筑垃圾资源化规划的核心，也是指导建筑垃圾治理与资源化工作开展的前提。

1. 城市更新的理念

我国在城市化经历了 20 年的大规模粗放式发展后，进入城市发展转型期的新阶段，逐步进入"存量发展时代"，亦即城市更新和新城建设并重，随着城市的发展，城市更新所占的比重越来越大，对于环境质量优化的需求越来越得到重视；城市建设工作重点逐步从增量扩张转向存量发展，逐步通过内涵式更新与提升实现城市的健康持续发展。

中华人民共和国成立后，对城市更新的研究一般分为两个阶段：第一阶段包括 20 世纪五六十年代的"城市重建"和"城市复兴"，更多关注内城的拆建及郊区化过程中的内城衰落和对建成区的修复建设，20 世纪七八十年代的"城市再开发与改造"则集中推进就地改造住区类项目，此时出现了许多大规模的开发和再开发项目，采取的方式是以私人资金为主导的大规模拆除重建和集中的改造开发，此时的建筑垃圾处理多以填埋为主。第二阶段则以"城市再生"理念强调旧城原有物质环境的再利用、原有功能的再提升和原有社区的再发展，同时开始关注精神层面，也更注重空间利用的效率，强调以更小尺度的开发换取更大的回报，基本实现了对可持续发展模式的普遍认可。在这个阶段，建筑垃圾作为城市更新的主要固体废物产物之一，对其进行无害化处理和资源化利用越来越受到重视。

2018 年底开始的"无废城市"建设，则尊重物质在社会经济生活中从资源到固体废物的转变规律，核心路径是全面统筹管理，增加固体废物的资源化循环利用。

在此理念影响下的城市更新活动中，建筑垃圾作为城市更新物质流的重要组成部分，一方面是必然的固体废物，另一方面，作为可利用的建设资源，建筑垃圾的回收利用成为解决废物去向和生产建筑材料的重要支点。

2. 建设绿色生态城市的思想

绿色发展与生态城市成为世界城市建设与发展的主流，越来越多的城市致力于可持续发展的实践。促进城市可持续发展是城市发展的一项基本战略，也是城市规划应当遵循的基本战略思想。城市是人类经济和社会活动最集中的地域，城市的可持续发展与实现全人类的可持续发展关系重大。必须从环境可持续发展的角度，在智慧城市、精细化治理、建筑垃圾管理、环境与土地资源、能源结构与利用效率、文化背景与社会发展等诸多领域谋划未来的协调发展。如何更有效、科学地对城市更新改造作出决策，把以建筑垃圾为主的更新废料更有效地变成资源，并把资源融入生态城市体系中有效定向利用，从而提升综合利用效率，并且更好地融入建筑垃圾治理体系是城市改造与管理中亟待解决的问题。

3. 以新型城镇化为导向的"十四五"规划

"十四五"规划纲要中提出要推进以人为核心的新型城镇化，实施城市更新行动，推进城市生态修复、功能完善工程，统筹城市规划、建设和管理，并提高城市治理水平。其中特别提到要"加强城镇老旧社区改造和社区建设"。在加快推动绿色低碳发展上，强化国土空间规划和用途管控，减少人类活动对自然空间的占用。强化绿色发展的法律和政策保障，发展绿色金融，支持绿色技术创新，推进清洁生产，发展环保产业，推进重点行业和重要领域的绿色化改造。推动能源清洁低碳安全高效利用。发展绿色建筑。开展绿色生活创建活动。在全面提高资源利用效率上，健全自然资源资产产权制度和法律法规，加强自然资源调查评价监测和确权登记，建立生态产品价值实现机制，完善市场化、多元化生态补偿，推进资源总量管理、科学配置、全面节约、循环利用。推行垃圾分类和减量化、资源化。加快构建废旧物资循环利用体系，全面改善城市人居环境，维护社会稳定和公共安全。这些都对建筑垃圾资源化提出了明确的体系、技术和管理要求。

2.2.2　建筑垃圾资源化原则

建筑垃圾资源化的实施，首先要统筹规划，提高效率，亦即统筹工程策划、设计、施工等阶段，从源头上预防和减少工程建设过程中建筑垃圾的产生，有效提高资源化环节的效率；其次，因地制宜，系统推进，亦即根据各地管理要求和工程项目实际情况，整合资源，制定计划，多措并举，系统推进资源化项目的落地工作；再次，创新驱动，精细管理，亦即推动建筑垃圾资源化技术和管理创新，推行精细化治理，实现建筑垃圾各个阶段的管控和再利用。

1. 遵循法律法规和城市管理，明确责任主体的原则

加强建筑垃圾的资源化利用，有利于贯彻国家大力推动建筑垃圾治理的政策要求，有利于提高全社会的城市建筑垃圾管理意识，有利于促进城市的环境保护和可持续发展。我国从中央政策层面提出了诸多导向性政策。2013 年国家发展和改革委员会、住房和城乡建设部颁布的《绿色建筑行动方案》中提出要落实建筑垃圾责任制，并设立建筑垃圾集中处理中心，积极推动建筑垃圾资源化利用。2016 年中共中央、国务院在颁发的《关于进一步加强城市规划建设管理工作的若干意见》中提出，力争用 5 年左右时间，基本建立建筑垃圾回收和再生利用体系。2018 年 12 月国务院办公厅印发的《"无废城市"建设试点工作方案》提出要开展建筑垃圾治理，提高建筑垃圾源头减量及资源化利用水平。当前的城市建筑垃圾管理已经进入全面治理阶段，建筑垃圾资源化利用问题已经得到社会各界的高度关注。

对接法律法规和管理体系，应该明确责任主体，便于管理追责。从建筑垃圾治理的全过程来看，源头减量阶段涉及建设单位、施工单位、设计单位等，中间收运阶段包括运输企业、建筑垃圾消纳设施运营主体，末端处理阶段涉及回收利用企业、社区、居民等相关主体。政府作为管理责任主体在建筑垃圾各个阶段都起着至关重要的协调作用。我国建筑垃圾一般实行属地化管理，地方建筑垃圾管理都涉及多个部门、多个主体。大部分城市的建筑垃圾管理会涉及城市管理、城市建设、生态环境、交通运输、公用事业、水务和公安等部门。其中城市管理主管部门负责建筑垃圾倾倒、运输、处置和监督考核工作；城市建设行政部门负责建筑工程施工现场建筑垃圾的堆放、苫盖、控尘监督管理；生态环境部门负责制定各类工程施工现场控尘标准，对渣土车尾气排放情况进行监测，对有关违法情况进行查处；交通运输、公用事业、水务等部门负责建筑工程、公路工程、城市道路工程、房屋拆迁、装修、水务工程等施工现场的管理；交通运输与公安部门进行联合执法，承担建筑渣土运输车辆超限超载治理工作；公安部门负责建筑渣土运输车辆改装管理，查处渣土运输车辆不遵守交通法规、不按规定时间和线路行驶等违法行为。

2. 遵循城乡统筹、区域统筹的原则

建筑垃圾治理与资源化必须从区域整体发展出发，坚持以人为本、为城乡居民服务的宗旨，加速城市的社会发展和经济发展，取得社会效益、经济效益和环境效益的统一。首先，将建筑垃圾资源化利用纳入城市总体规划、土地利用规划和循环经济发展规划，解决项目建设用地困难问题；其次，建筑垃圾资源化规划，应与国土空间规划、环境卫生专项规划等相协调，新建项目应与现有的建筑垃圾收运及处理系统相协调，改、扩建工程应充分利用原有设施。

3. 经济驱动、环境保护与创新支撑的原则

建筑垃圾资源化工作应在充分提高利用率的前提下，尽量选择合理的治理路径，不仅可以节约资金，缩短工艺流程，节约城市建设投资，而且有利于城市其他方面的资金投入，方便城市管理。例如建筑垃圾资源化利用设施设立的服务区域半径，应充分考虑建筑垃圾收运经济成本。能否选择合理的建筑垃圾治理路径是检验建筑垃圾资源化是否经济的重要标志，且经济性优劣可视城市政府管理力度、企业协作程度、公众参与程度等条件而定。由于建筑垃圾资源化利用企业利润率低，要促进其持续健康发展，必须加大政策扶持力度，例如在财政上，对技术先进、质量优良的再生利用产品给予价格补贴；在税收上，对建筑垃圾利用企业实施增值税、所得税减免的优惠政策；在贷款上，实行贷款利率优惠或贴息，支持建筑垃圾利用企业发展和项目建设等。

此外，建筑垃圾资源化治理要有利于保护与改善城市生态环境，以创造优美的城市环境景观，提高城市生活的质量。在遵循统筹规划的前提下，应尽量做到资源化、减量化、无害化，例如合理规划建筑垃圾处理设施及收运设施的位置，防止其给城市居民的生活带来干扰；以加强城市精细化管理、强化环境污染防治为重点，加大整治力度，打击渣土车无证运输、带泥带土上路、道路遗撒等不规范运输行为。

4. 加强资源化技术体系建设、合理规划再生产品的原则

首先，要加强提高建筑垃圾分选、破碎、筛分、除杂等工艺技术的研究，通过因地制宜地分析建筑垃圾的物理及化学特性，优选适合的施工工艺及设备。其次，政府要大力支持企业自主研发建筑垃圾资源化利用技术，鼓励科研单位与行业企业加强合作，扩大信息沟通与交流，大力提高创新型适用性技术的供给能力。再次，加大建筑垃圾资源化资金投入，增加建筑垃圾消纳设施数量，减少建筑垃圾给城市环境带来的压力，为建筑垃圾资源化技术的研发和推广应用提供时间和空间。最后，推动将大数据技术应用于城市建筑垃圾资源化的全进程，加快建立"大数据＋建筑垃圾治理"的新模式，以期在规划、设计、施工的各个阶段保证建筑垃圾管理和资源化利用工作顺利进行。

在建设过程的各个阶段，建筑垃圾是放错位置的"建筑材料资源"。在治理的过程中，需要根据工程特点合理规划产品方向，做到各类建筑垃圾物尽其用。例如部分材料作为高速公路路基（道路基层与垫层）回填材料使用；在海绵城市建设中采用再生骨料作为渗透层，促进城市资源循环；建筑垃圾中的废弃混凝土经过分类、筛选、清理后，按照一定的比例进行调和，可制成再生骨料作为建筑原材料运用在城市建设中等。

2.2.3 建筑垃圾资源化目标

《中华人民共和国固体废物污染环境防治法》第四条规定："固体废物污染环境防治坚持减量化、资源化和无害化的原则。任何单位和个人都应当采取措施，减少固体废物的产生量，促进固体废物的综合利用，降低固体废物的危害性。"同时在中华人民共和国住房和城乡建设部发布实施的部令文件中，也对"减量化、资源化和无害化"目标提出了明确的要求。建筑垃圾资源化规划的编制工作，要以减量化、资源化和无害化为基本目标。

1. 减量化

建筑垃圾的源头减量化城市规划策略研究具有重要价值，将城市规划体系结合建筑垃圾减量化的工作统一进行，更加有利于从上层作出指导、从源头控制污染，减少资源开采、制造和运输成本，减少对环境的破坏，比末端治理更为有效，是解

决建筑垃圾问题的根本所在。同时可以从更加宏观的角度考虑建筑垃圾在减量过程中产生的经济效益、社会效益和生态效益，对于城市的可持续发展具有重要意义。

建筑垃圾的减量化需要更新管理理念，坚持规划引导，加强宏观层面的规划管控与引领，遵循生态城市、绿色城市、海绵城市及无废城市的建设要求，提高建筑垃圾源头精准管控能力。还应提高建筑垃圾协同治理能力，培养各主体间合作意识，构建建筑垃圾全过程管控体系，通过加强与住建、交通、环保、规划、市政等部门的信息互通和交流，提高建筑垃圾精准管控、规范运输、综合处理等环节的协同治理能力，并且继续完善城市联合执法制度。

2. 资源化

对建筑垃圾进行有效的回收再加工是提高建筑垃圾治理水平的主要方式之一。从建筑垃圾对环境影响的层面考虑，建筑垃圾在建筑工程的全生命周期（产生、清运、循环利用及处置，见图2-3）内都会对城市环境产生或多或少的影响；从经济发展的角度看，建筑垃圾综合利用率的提高不是一蹴而就的，需要非常充足的前期调研与策划工作，包括建筑垃圾源头控制和制定建筑垃圾资源化利用规划，推动建筑垃圾

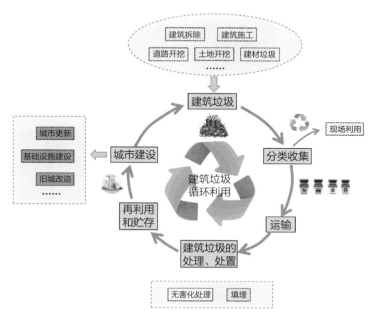

图 2-3　建筑垃圾资源化概念图

的再生利用，并提高建筑垃圾再生产品质量；从行政管理方面看，实行从建筑垃圾产生到处理的全过程管控，构建智慧化平台，不但能提高建筑垃圾监管能力，有效控制违法行为产生，而且还能大大提高行政部门的办公效率。

3. 无害化

在建筑垃圾的处理全过程中，需要保证每个环节的无害化，这也与消除建筑垃圾不良环境影响过程中的安全管理密切相关。可以利用互联网＋、大数据、云计算、基于位置的服务（Location based services, LBS）等先进技术，对建筑垃圾产生、收运、转运、消纳、资源化处理及利用等环节进行智能化监督管理，实现建筑垃圾全过程、全方面、全时段且具有系统性的数字化管控。应实时了解建筑垃圾消纳与综合处理和利用等环节的情况，为建筑垃圾管理部门提供综合全面的管控基础，实现数据的互通共享，提高管理部门工作效率，确保建筑垃圾全过程安全、规范。这些有助于进一步提高建筑垃圾管控能力，促进建筑垃圾源头减量和资源化处理与利用。

依托数字城管系统和全国城镇生活垃圾信息管理系统，城市管理及住房建设等部门要紧密配合，按照住房和城乡建设部对于建筑垃圾监管平台的建设指南要求，搭建基于全球定位系统（GPS）和物联网等信息技术的城市建筑垃圾车辆运输管理系统、建筑垃圾综合管理循环数字化管理平台，以建筑垃圾处置核准为管理抓手，进一步完善建筑垃圾排放申报、运输过程监管及末端处置场所和再生产品应用的全过程管理机制，及时公布建筑垃圾种类、数量、运输、处置等相关信息。信息平台要同步建设渣土车管理和建筑垃圾运输与处置违法信息模块，加强渣土车动态监管，公开违反建筑垃圾运输与处置法律法规规定的施工企业、建筑垃圾运输企业、渣土消纳场名单，以及处理处罚情况。

2.3 相关规划体系内建筑垃圾治理的衔接

2.3.1 国土空间规划体系总领

2019 年，第十三届全国人大常委会第十二次会议审议通过《中华人民共和国土地管理法》修正案，增加第十八条"国家建立国土空间规划体系……经依法批准的国土空间规划是各类开发、保护和建设活动的基本依据……"

国土空间规划体系按照研究范围分为全国国土空间规划、省级国土空间规划、市级国土空间规划、县级国土空间规划、乡镇级国土空间规划；按照内容分为总体规划、详细规划和相关专项规划（表 2-1）。

全国国土空间规划：是对全国国土空间作出的全局安排，是全国国土空间保护、开发、利用、修复的政策和总纲，侧重战略性。由国务院自然资源部门会同相关部门组织编制，由党中央、国务院审定后印发。在全国国土空间规划中，应在战略上明确建筑垃圾资源化利用的必要性，并纳入黄线管控范围。

省级国土空间规划：是对全国国土空间规划的落实，指导市县国土空间规划，侧重协调性。由省级政府组织编制，经同级人大常委会审议后报国务院审批。建筑垃圾处理设施选址应被纳入省级国土空间规划市政控制区域内。

市县级和乡镇级国土空间规划：是对上级规划要求的细化落实和具体安排，侧重实施性。可因地制宜，将市县级与乡镇级国土空间规划合并编制，也可以几个乡

表 2-1　国土空间规划体系框架

总体规划	详细规划		相关专项规划
全国国土空间规划	—	—	专项规划
省级国土空间规划	—	—	专项规划
市级国土空间规划	（边界内）详细规划	（边界内）详细规划	专项规划
县级国土空间规划			专项规划
乡镇级国土空间规划			专项规划

资料来源：作者自绘。

镇为单元编制，由当地人民政府组织编制。应在市县级和乡镇级国土空间规划中明确建筑垃圾处置设施用地指标。

2.3.2　城市总体规划层面引导

城市总体规划的编制思路要随着城市化的发展不断更新，满足新时期城市发展需要。在总体规划的编制过程中，城市总体控制目标和各刚性控制指标中应涵盖建筑垃圾治理和资源化的内容，在宏观层面对建筑垃圾资源化的相关内容进行规定，实现城市发展目标的与时俱进，提高建筑垃圾资源化利用率，最终建成可持续发展的城市。

首先是控制目标。在城市总体规划的编制过程中，要注重因地制宜地解决各城市的实际问题，根据不同城市的城市化的发展阶段，对城市建设量和拆迁量进行合理估算，以此来制定城市建筑垃圾源头减量化和资源化的控制目标。在总体规划中制定规划期内可行的建筑垃圾源头减量目标，例如建筑开挖渣土减排目标、拆除建筑垃圾减排目标等。因此在总规编制过程中，要充分考虑现状问题、已有规划、周边关系、未来挑战等因素，科学地制定规划区内的城市建设中涉及的各项公共服务设施、市政公用设施、环境质量等方面的配套建设等各项开发控制的总体指标，并落实到具体地块中，保证规划对城市的发展建设指导的合理性和有效性，延长既有建筑的使用寿命。

其次是控制指标。城市总体规划中的规划指标包括原则性的约束性指标和预期性指标，用于指导下一层次的控制性详细规划的编制，在制定总体规划控制指标时不需要制定出各详细指标的数据，仅制定城市发展各方面总体的指标即可，要有一定的弹性，以保证控制指标合理，在后期详细规划中可根据规划区实际情况进行相应调整。总体规划具有法律效力，是中观和微观层面的城市规划、城市设计编制的指导性文件，可在总体规划中设置建筑垃圾源头减量相关的条款，对建筑垃圾源头减量、资源化、各类用地绿色建筑比例等进行规定，不必深入细节，只进行宏观要求，中观及微观层面的城市规划即可将相应的建筑垃圾源头减量相关指标进行分解并落地实施。

在城市总体规划的编制及修编中，应明确建筑垃圾资源化利用的三个衔接重点：

一是在总体规划的编制理念中加入建筑垃圾的源头减量化理念；二是在总体规划的环卫规划目标中增加建筑垃圾源头减量化及资源化总体目标；三是通过城乡建筑垃圾治理专项规划建立起城市源头减量化及资源化处置设施的整体空间格局，把建筑垃圾源头减量化及资源化利用的目标落实到城市空间。

2.3.3　城市详细规划层面管控

在编制控制性详细规划时，在建筑垃圾资源化利用方面有两个主要的任务：一是衔接城市总体规划中的建筑垃圾源头减量化及资源化的总体规划目标和控制指标，进行细化和分解，并与控制性详细规划的控制指标有机结合；二是运用城市黄线对控制性详细规划单元中的建筑垃圾处理设施施行精细化管控。

控制性详细规划最核心的内容是控制指标的制定，城市规划的管理主要通过这些指标来实现。具体做法可在相关成果研究基础上，结合当前国内外建筑垃圾资源化利用的发展情况，并参考国内同类省市开展城市建筑垃圾治理的指导意见，综合考虑本地区不同规划区内的实际情况，增加各地块规定性控制指标，例如建筑垃圾减量化率、建筑垃圾资源化利用率、建筑垃圾分类回收率等管控指标，规定值的区间为 40% ~ 80%，实现城市规划总体目标的空间实施。低于该控制指标的地块不予立项、出让，如高于该控制指标区间最大值，可考虑在容积率等指标上予以奖励，具体细则可在本地区深入研究的基础上予以实施。

城市黄线是影响全局的城市重要基础设施用地的控制界限，在城市规划体系中城市黄线管理主要在控制性详细规划中落实。表 2-2 即为城市黄线划定中的不同强

表 2-2　城市黄线划定中的不同强度控制线

黄线类型	定义
黄实线	在影响城市发展全局的重要基础设施用地中，对与其他城市设施及用地不兼容且必须配置独立地块的用地进行控制的界线
黄虚线	为确保城市基础设施的安全，避免环境污染及其他特殊的技术要求，在城市基础设施用地之外用于约束其他建设内容的管控界限
类黄线	部分可弹性控制的城市基础设施用地如电视台、交通换乘枢纽等，可与城市其他建设项目相互交叉使用的城市基础设施用地界线

资料来源：作者自绘。

度控制线。目前《城市黄线管理办法》中所称城市基础设施尚不包含建筑垃圾处理设施用地，综合考虑城市的远景发展，建议在控制性详细规划的黄线控制中增加建筑垃圾处理设施用地控制，涵盖收集、贮存、运输、利用、处置等各个环节。

规划中，对于建筑垃圾永久处置场和建筑垃圾永久资源化利用设施用地可划定为黄实线管控区域，而对于建筑垃圾临时贮存设施和临时资源化利用设施用地可使用黄虚线管控区域，临时规划期限到期后，该管控区域可在不违背城市总体规划相关要求的基础上综合考虑城市空间发展，进行功能的调整。

在微观层面要将建筑垃圾治理和修建性详细规划衔接，主要通过地块基础条件分析、绿色建筑设计引导、绿地规划设计引导来完成。在规划用地的调研分析中，要增加建筑垃圾源头减量化及资源化的内容，分析地块内的建设量与拆迁量，合理确定地块内建筑垃圾的源头减量化与资源化利用办法，在修建性详细规划中将城市总体规划和控制性详细规划的建筑垃圾源头减量化及资源化的相关指标落地实施；在建筑设计方面，加强绿色建筑设计引导，根据绿色建筑评价标准的要求增加对建筑垃圾再生产品和装配式建筑材料使用量的要求；在绿地景观设计中，考虑通过堆山造景、生态修复等方式增加对建筑垃圾的利用。

2.3.4 城市专项规划层面落实

各类城市发展专项规划是以城市总体规划为指导的，其相关内容应包括对城市建筑垃圾的源头削减、过程减量、末端资源化进行长远计划，使建筑垃圾治理产业发展符合城镇化发展的相关诉求，对建筑垃圾资源化场地及处置场地进行科学选址、工程量估算及资金预算，帮助建立城市建筑垃圾管理体系，指导城乡建筑垃圾减量排放和资源化利用。例如建筑垃圾贮存、利用、处置等设施的设置和用地，应当被纳入城市市政基础设施和环境卫生等相关专项规划。

落实到建筑垃圾治理专项规划中时，须遵循相关规划原则，对规划区现状进行调研分析，合理预测建筑垃圾产量及存量之后进行规划成果编制，通过建筑垃圾（包括工程渣土、工程泥浆、工程垃圾、拆除垃圾、装修垃圾）产生量预测，重点解决建筑垃圾处理设施（包括转运调配场、资源化利用场、填埋场）设置及布局安排。规划实施后，定期进行规划评估及实施反馈。

2.4 规划编制的技术性要求

建筑垃圾资源化规划应体现城市规划的基本原则，有效进行环境污染防治，引导城镇健康发展，体现统筹协调、资源节约、环境友好的原则，提高建筑垃圾资源化率。对于涉及城乡发展长期保障的资源利用和环境保护、区域协调发展、公共安全和公众利益等方面的内容，需要在编制建筑垃圾资源化规划时将其涵盖进去。

2.4.1 规划编制的依据

编制建筑垃圾资源化治理规划，要遵循党和国家政策的要求，遵循《中华人民共和国城乡规划法》《中华人民共和国土地管理法》《中华人民共和国环境保护法》《中华人民共和国固体废物污染环境防治法》《中华人民共和国循环经济促进法》《中华人民共和国城市建筑垃圾管理规定》等相关法律法规，充分考虑上位规划的要求，特别是住房和城乡建设部最新的建筑垃圾治理要求，与省市国民经济和社会发展规划、土地利用总体规划、环境保护规划等其他规划的协调；从可持续发展、低碳绿色城市的角度研究建筑垃圾资源化利用的原则、目标和内容，按照创新、统筹的原则，协调城乡之间的关系；按照有效配置建筑垃圾管运设施、改善人居环境的要求，充分发挥城市的辐射作用，促进城乡经济社会全面、协调和永续发展。

同时，建筑垃圾资源化治理规划也应与其他专业规划相协调，如交通、防灾、基础设施规划和环境保护规划等专业规划。建筑垃圾资源化治理规划需要一个整体的视角，对相关专业规划已经确定的内容或即将实施的项目，相关内容应与之保持一致。例如要充分考虑环境保护规划的指导性要求，合理改善城镇环境，进行资源保护与设施建设等。而建筑垃圾资源化治理规划中的相关理念和要求，也可以作为其他专业规划编制的依据。例如交通规划中的运输路线分析等也需要前瞻性地与建筑垃圾资源化治理相结合。

2.4.2 规划适宜的期限

建筑一般可分为临时性结构建筑、易于替换构件性建筑、普通房屋和纪念性建筑物四种类型，不同建筑物使用年限存在差异。临时性结构的使用年限一般为 5 年，易于替换的结构构件的使用年限为 25 年，普通房屋和构筑物的使用年限为 50 年，纪念性建筑或者特别重要的建筑结构的使用年限为 100 年。我国建筑物的设计使用年限一般为 50 ～ 70 年，但是由于城市规划的编制与城市建设发展不同步，城市发展方向及目标经常调整，建筑物常常使用 30 年左右就被拆除。

一般来说，国土空间总体规划的期限为 15 年，近期规划一般为 5 年；城市总体规划的期限一般为 20 年，控制性详细规划在满足总体规划的前提下，也为 20 年，修建性详细规划的近期期限一般情况下为 5 年。根据各地建筑垃圾资源化相关规划编制的实务来看，规划期限一般在 5 ～ 10 年。

综合上述多种因素，建议建筑垃圾资源化专项规划的期限为 10 年，同时应对城镇远景发展的空间提出设想。在各个地区确定建筑垃圾资源化专项规划的具体期限时，应当符合国家最新政策的要求并结合当地的建筑垃圾治理工作的实际需求。大、中城市根据需要，可以在专项规划的基础上编制近期治理规划或发展规划。

2.4.3 规划涉及的范围

建筑垃圾资源化治理规划可根据实际管理工作的需求，涉及多个层次的范围，包括市域、市区、规划区、中心城区。其中，市域（包括县域、乡镇）是从行政管辖范围划分的，而规划区、中心城区是从规划建设层面划分的。

市域是城市行政区划范围，包括市区及外围市（县）城市管辖的全部行政地域。

市区则是城市政府直接管辖的范围，不包括外围市（县）。

规划区是指城市、镇和村庄的建成区及因城乡建设和发展需要，必须实行规划控制的区域。一般要求城市规划区应在市区范围内，即城市政府直接管辖的范围。城市规划区的具体范围可参考城市人民政府编制的城市总体规划。《中华人民共和国城乡规划法》规定，规划区的具体范围由有关人民政府在组织编制的城市总体规划、乡镇规划和村庄规划中，根据城乡经济社会发展水平和统筹城乡发展的需要划定。

中心城区是城市发展的核心地区，包括规划城市建设用地和近郊地区，中心城区是建筑垃圾资源化规划的重点范围。

2.5　规划体系与城市管理系统的对接

2.5.1　落实建筑垃圾全过程管控

县级以上人民政府应积极推广装配式建筑、全装修住宅、BIM 应用、绿色建筑设计标准等，促进建筑垃圾的源头减量。建设项目在规划设计阶段应同步编制建筑垃圾减量、分类和资源化利用等专项方案，通过就地回填、就地分类、就地利用等方式，减少建筑垃圾排放。同时，进一步加强建筑垃圾源头管理，工程建设单位要将建筑垃圾处理费用纳入工程预算，保证运输和处置经费，防止违法倾倒，确保建筑垃圾运送至指定地点。工程施工单位应预测建筑垃圾产生量并编制处置方案，加强施工过程建筑垃圾减排管理，合理统筹各建筑原材料用量，提高结构一次成型率，推动建筑垃圾减排。工程设计单位、施工单位应按有关规定，优化建筑设计，科学组织施工，优先就地利用、源头减量，在地形整理、工程填垫、场内临时道路等环节合理利用建筑垃圾。

城市城管、交警、住建、环保等部门间要明确各部门职责，通过数字化的手段和智慧化技术实现信息共享、互相协作，从产生、收集、贮存、运输、利用、处置的全过程对建筑垃圾进行监管。可以现有的"智慧城管"平台衔接，构建并完善建筑垃圾智能化管控平台，使各部门间信息互通，协同管理，实现"一个平台、多方协作"的监管模式，通过数字化的手段破除部门间的信息屏障，最大限度缩小监管盲区，提升建筑垃圾综合管理信息平台的运行效率，实现全覆盖、全过程、全时段的智慧化监管。

2.5.2　规范建筑垃圾处置核准

城市建筑垃圾主管部门应按照地方政府有关规定加强对建筑垃圾处理行为的核准。工程建设单位要编制建筑垃圾处置方案，提交项目所在地城管执法部门审查或备案，从事建筑垃圾运输、消纳、处置的企业获得核准后方可处置建筑垃圾。所有建筑垃圾，除建设项目就地利用、减量外，都必须集中收集到建筑垃圾处置场所，任何单位和个人不得将建筑垃圾随意倾倒或填埋，对乱填乱埋行为，依法加大查处力度。对于建筑物拆除项目，鼓励采用建筑垃圾资源化利用企业参与的联合投标，或者直接委托建筑垃圾资源化利用企业进行处理。居民进行房屋装饰装修活动产生的建筑垃圾，应当按照物业服务企业或者社区居民委员会指定的地点分类打包堆放并承担清运费用。

县级以上人民政府应制定城市建筑垃圾资源化利用综合管理考评制度，将绿色材料使用情况、建筑垃圾源头消减目标、建筑垃圾综合利用水平、资源化处理设施建设规模和处理能力、建筑垃圾密闭式运输率、建筑垃圾分类收集率等影响资源化利用水平的因素纳入评价指标中，构建建筑垃圾综合考评体系，提高政府各部门的服务和管理水平。明确建筑垃圾主管部门和各协同管理部门间的责任，使其各司其职，提高各部门对建筑垃圾再生利用工作的重视程度。设立单独领导小组，定期对各部门建筑垃圾综合利用工作情况进行考评，将结果记入政府业绩考核评价中，加快推进各部门建筑垃圾资源化管理进程，确保建筑垃圾资源化利用的有序开展。

2.5.3 加强建筑垃圾分类收集和运输管理

大力推行建筑垃圾分类收集，制定建筑垃圾分类收集管理相关办法，根据不同分类体系，在不同条件下产生的建筑垃圾采用差异化的收集方式。

根据装修垃圾产生特点和收集方式，利用小区已有设施建设装修垃圾分类收集点，进行分类回收。将管控区内社区、居住区、公共服务设施所产生的装饰装修垃圾就近运输至临时贮存设施，并由环卫部门统筹管理。在施工场地、拆迁场地放置建筑垃圾收集箱，并对收集箱进行编码，对施工、拆除现场产生的木料、塑料、金属、玻璃、布料、石材、砂石料、泡沫板、石膏板、隔热隔音玻璃纤维、瓷料、部分生活垃圾等建筑垃圾进行分类收集，分类收集的方式不仅能减少垃圾间互相污染，还能为后续建筑垃圾处理及资源化利用提供便利。

加强运输企业管理，建筑垃圾应由专业的运输企业运输，运输车辆要安装全密闭装置、行车记录仪和相应的监控设备，严禁运输车辆沿途泄漏抛洒。建筑垃圾运输车辆要按照当地交警、城市管理部门指定时间、路线行驶。运输企业要加强对所属驾驶人员和车辆的动态管控，建立运输安全和交通违法考核机制。相关部门要加强联动执法，对违规的运输企业和车辆驾驶员依法予以处罚。

建设运输管理平台主要用于建筑垃圾运输全过程监督管控，包括建筑施工现场、建筑垃圾运输车辆和消纳场的两点一线全天候监督。按照"监管有序、结构科学、覆盖全面"的主要思想，通过对城市建筑垃圾运输车辆安装全球定位系统及运输监控设备，对运输车辆进行全程管控，及时发现违规倾倒，并可以实现违规道路遗撒的追溯，方便有关部门及时查处违法现象，实现多方协同处理，搭建建筑垃圾从产生到终端处置的全程管控平台，为消除道路遗撒、改善城市人居环境提供技术保障；实现"显示方便直观、数据实时更新、信息互联互通、部门协同治理"的目标，提升城市建筑垃圾运输智慧化监管水平和辅助决策水平。

2.5.4 引导建筑垃圾资源化利用企业发展

基于建筑垃圾的成分特点，可利用城市基础设施配套规划、财政或者税收政策扶持等手段，鼓励有能力的企业进入建筑垃圾资源化利用领域。通过培育龙头企业，发力绿色建材市场，将有助于形成建筑垃圾"产生—破碎分选装备—建筑垃圾回收体系—绿色建材—智能管理系统"的产业示范链。同时，县级以上人民政府可将建筑垃圾资源化利用纳入特许经营管理，明确特许经营准入条件，确定有技术、有实力、能处理各类建筑垃圾的企业，授予其一定期限的特许经营权。获得特许经营权的企业，享有特许经营范围内建筑垃圾的收集权、处理权。

2.5.5 优化建筑垃圾治理监管方式

加快构建监管体系，城管、交警、交通等部门定期开展联合执法。压实常规监管工作责任，充分运用公司自查、工地业主方核查、区级督促检查、市级监督抽查的方式开展建筑垃圾日常监管，实行定人、定岗、定责，强化夜间监管检查。推行建筑垃圾处理过程智慧监管，建立市级建筑垃圾监管信息平台，通过供需匹配明确辖区内建筑垃圾去向，把各个处理单位孤岛串联成一个相互关联的回收利用体系。同时，建立对建筑垃圾处置"两点一线"的长效监控机制，实现"建筑垃圾审批—消纳场备案审批—运输企业备案—建筑垃圾出场—建筑垃圾运输—建筑垃圾处理"的全过程监管。

建筑垃圾的治理应不断跟随时代的步伐，要融合"互联网+"，做到新的突破。

"互联网+"在建筑垃圾治理方面的应用主要体现在建筑垃圾的分类和建筑垃圾信息平台的建立上。在建筑垃圾的分类上，建筑垃圾分类标准不清晰，分类水平不高，"互联网+"恰能解决这一问题。建筑垃圾的分类回收可大大提高利用价值，增加利用空间。在建筑垃圾回收的过程中，一定要强调分门别类，尽量减少"混合垃圾"，这样才可提高资源化的效率和产品质量。在建筑垃圾信息平台的建立上，重点强化对运输环节的管控。一方面，合理设置每个建筑垃圾贮存点，并通过"互联网+"构建建筑垃圾信息平台，每个贮存点的信息反映在建筑垃圾信息平台上，如哪个贮存点有建筑垃圾，建筑垃圾的贮存量、类别，工作人员及公众都能查到，贮存点一旦发生问题，平台也能及时地反应并通知相关人员。通过"互联网+"智慧化监管平台的建立能有效提高部门间协作治理能力和建筑垃圾资源化利用水平。具体可参照如下方式。

一是通过建设建筑垃圾收运管理系统，对建筑垃圾运输车辆实时监控，包括每辆车辆的自身信息、运行轨迹、工作状态等方面，并通过分析车辆运行轨迹，确定违规车辆及建筑垃圾随意堆放的可疑地点。通过准运许可证、道路通行证办理和查询，实行建筑垃圾运输全过程的规范化监督管理；对具有许可证书的建设施工单位、运输企业和运输车辆实时监督管控，做到对建设施工单位实行有效监管；结合地理信息系统应用，可以在地图上直观地展示施工工地、消纳点位置、车辆运行轨迹；通过对建筑工地建设情况的掌握，合理规划消纳点；建立交管、规划、环保、城管、监察、市政管委与住建部门的信息共享机制，并有助于形成企业信用体系。

二是对建筑垃圾运输车辆运行数据实时监管、违规报警。这保证监管系统科学性强、数据精准、反馈及时，对大事件及时处理；对平台进行结构化设计，提供不同的页面对接不同的部门，在平台建设时，确保系统容易操作、界面简洁、标志明显、方便快捷；在平台管理时采用高效模式，保证数据安全，并具备可视化效果及特有服务功能，采用精确的电子地图及设计灵活的地图修改功能。

3

建筑垃圾资源化规划
工作流程与方法

3.1 技术路线

建筑垃圾资源化专项规划工作的主要任务是根据城市发展阶段特点和建筑垃圾排放特征，结合当地地质、经济、生活与生产需求等确定城市建筑垃圾处理方式，分析并确定建筑垃圾资源化目标，预测建筑垃圾产生量，确定建筑垃圾处理处置设施布局选址与运输管理，并构建建筑垃圾规划管理平台。建筑垃圾资源化专项规划技术路线如图3-1所示。

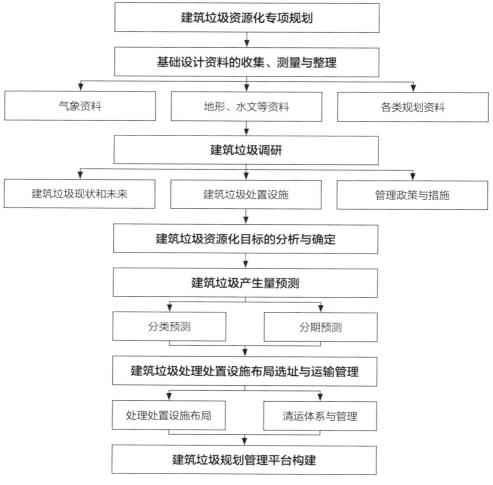

图 3-1　建筑垃圾资源化专项规划技术路线图

（资料来源：作者自绘）

3.2 调查准备

3.2.1 文献研究

通过查阅国内外已有研究成果，对国内外建筑垃圾治理的发展历程、处理模式、管理手段、处理技术，以及如何结合相关规划对建筑垃圾治理工作进行引导和控制进行分析研究。

3.2.2 管理调研

建筑垃圾资源化专项规划编制前，首先应对对象城市进行管理调研，主要是通过调研城市内建筑垃圾主管部门、建筑垃圾资源化利用企业、建筑垃圾处置设备研发企业及正在施工的项目，了解城市现有的建筑垃圾处理及资源化利用相关政策法规，分析并总结其现有的建筑垃圾资源化利用经验，如技术、管理措施上的特点，以及目前存在的难点问题与需求在何处，收集建筑垃圾专项规划编制的基础资料。

城市管理调研工作一般有以下四个方面。

1. 主管部门调研

与住建、城管等相关主管部门座谈采访，重点对建筑垃圾处理及资源化利用的相关政策进行调研，从建筑垃圾源头治理、运输监管、消纳处置、综合利用及考核考评等方面整理相关政策制度，并总结其中主要内容，分析现行标准、规范实施情况及相关规划的影响。

2. 资源化利用企业调研

召开现场座谈会，对资源化利用企业建筑垃圾的分类处理、加工制作、技术研发、产品应用进行仔细了解，认真记录企业关于建筑垃圾资源化利用发展现状、工作成效的详细介绍，了解企业发展过程中存在的问题和困难，并应与企业代表就建筑垃圾治理及资源化利用工作中的重难点问题进行交流，将企业代表提出的重难点问题及相应的意见建议整理总结出来。

3. 设备研发企业调研

调研市内的设备研发企业，重点调研建筑垃圾处理设备行业概况、产业链、盈利水平，以及目前的生产规模和技术工艺情况。

4. 施工项目调研

对城市中正在施工的建设项目进行实地调研，与施工方座谈，重点调研施工现场建筑垃圾减量化措施及资源化利用情况。

3.2.3 现状调研

除了管理调研外，还需要对建筑垃圾的状况进行调研，由于所需要的资料数量大，范围广，为了提高规划工作的质量和效率，要运用先进的科学技术手段对建筑垃圾各种现状进行调查、数据处理、检索、分析判断工作，如运用遥感技术、航测照片，运用计算机处理、贮存数据。一般地说，建筑垃圾现状调研应包括下列几个方面。

1. 建筑垃圾清运现状调研

主要包括建筑垃圾运输企业的规模、运输路线、考评情况；建筑垃圾转运调配站的数量、规模、位置等。

2. 建筑垃圾消纳现状调研

主要包括建筑垃圾的消纳量、处理方式；建筑垃圾消纳场的位置、规模等。

3. 建筑垃圾资源化现状调研

主要包括建筑垃圾资源化利用率、资源化利用设施现状、资源化处理模式等。

4. 建筑垃圾处置设施调研

建筑垃圾处置设施主要包括建筑垃圾转运站、建筑垃圾资源化处理场和建筑垃圾消纳场等。需通过调研各地区实际情况，优化建筑垃圾处置方式，完善建筑垃圾处置设施，提升建筑垃圾减量化水平。

例如，根据 2019 年相关资料显示，北京市当前建筑垃圾以综合利用为主、简易填埋为辅，大力推进资源化处置。综合利用即采取绿化回填、工程回填、土方平衡等方式处置建筑垃圾渣土，北京市共设有综合利用地点 77 处；简易填埋即进入建筑垃圾消纳场所实施填埋处置，北京市共设有建筑垃圾简易填埋场 39 座，剩余填埋能力近 8000 万吨。资源化处置即采取固定式资源化处置工厂或者现场临时性（或半固定式）资源化处置设施对拆除垃圾实施资源再生，形成的再生建材回用于工程建设。

西安市建筑垃圾的处置方式包括经过破碎、分拣等技术工艺，将拆迁垃圾生产成为再生产品，代替天然砂石，用于路基填充、房屋建设、市政基础设施建设等；利用基坑开挖产生的工程弃土或砂石等其他固体废物进行堆山造景、基坑回填、绿化种植、复耕还田、土壤（地）修复等；通过分拣分类，将装修垃圾如塑料、木材等分别进行集中处置，生产成再生产品进行重复利用。对于施工现场建筑垃圾的减量化以规划和设计阶段实现土方平衡为最佳；对于过剩渣土，就近组织协调进行消纳；现场作业道路采用"永临结合"或钢板铺设的方式，以减少临时道路拆除产生的建筑垃圾；对于临建设施以采用预制条板及标准化加工的构件为最优选择；对于施工阶段产生的建筑垃圾，送往集收集、破碎、再利用为一体的建筑垃圾临时处理车间，完成建筑垃圾资源化利用；对于装饰装修垃圾采用精密测量、精细化排版、工厂化生产，部分材料做到定尺加工，能够减少装饰装修建筑垃圾的产生。

武汉市将建筑垃圾纳入整个城市废物管理、处置的体系中，发挥综合处置效益。武汉北湖渣场，采取工业垃圾、市政垃圾、建筑垃圾协同处置，取得较好的经济效益和社会效益。源头分类是基础，"拆除"和"处置"合二为一是短期见效的重要措施。从源头实行了分类，废物运到处置现场后，仅实行简单的"破碎－筛分"处理，即可获得合格的再生产品，不仅成本低，而且产品质量好。武汉市在国土空间总体规划层面将整个城市按照发展方向的不同分为都市发展区和边远城镇区两大区域，建筑垃圾处理设施规划立足于两大区域的不同性质考虑并提出：都市发展区（外环线范围内中心城区和近郊新城区）实行区域化建筑垃圾集中处理，以长江为界，本着建筑垃圾不过江的原则，分成江北东区、江北西区、江北南区、江南北区、江南东区和江南南区六大服务区域；边远城镇区实行分片区集中处理，主要分为新洲东区、黄陂北区和汉南地区三个区域，分别设置建筑垃圾填埋场。

3.2.4 产生量预测

城市建筑垃圾产生量与城市所处发展阶段或城镇化水平有密不可分的关系（图3-2），因此在进行建筑垃圾产生量预测时，应结合城市的综合现状与总体规划中的发展目标、人口预测与用地布局等多维度的因素，采取分类分期相结合的方式预测建筑垃圾量。

由于长期以来建筑垃圾没有统一的、行之有效的统计方法，目前各地区的建筑

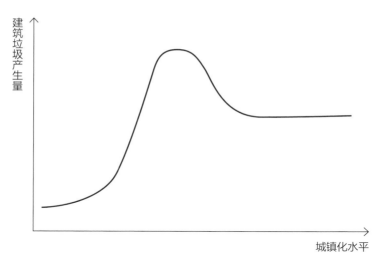

图 3-2　建筑垃圾产生量与城镇化水平的基本关系图

（资料来源：作者自绘）

垃圾产生量都无法获得比较可靠的数据供业内采用。统一的、可靠的统计方法需要在各地管理部门加强监管、统计的基础上，建立起长期建筑垃圾产生量的数据库基础，因此也寄希望于各地政府因地制宜地制定不失真、可操作的建筑垃圾产生量统计办法。目前所提供的方法和原则只能供有条件的地区使用。

1. 预测的基本原理

建筑垃圾产生量的计算精度要求不高，按城市规划的实际需要计算精度在年十万吨级就可以满足使用要求。因此，可以在收集官方可靠统计数据的基础上，按第 4 章所介绍的计算方法，因地制宜选取合适的预测方法进行计算。

2. 基础数据采集

（1）规划拆除项目和面积。拆除建筑垃圾主要来自土地一级开发和旧城改造。从规划部门查看历年来的拆除项目和大致面积，可以推算出历年建筑垃圾的产生量，也可以了解以后几年规划要拆除的项目和面积，如此可以大致了解拆除建筑垃圾产生量的规律。

（2）完成的拆除面积。通过规划部门了解到的规划项目信息，可以查找到项目开发商，土地一级开发和旧城改造通常都会有征地补偿记录，根据征地补偿记录可以查找拆除面积、建筑类型、结构类型等信息和数据。再用后面介绍的计算方法可以方便地计算拆除建筑垃圾产生量。

（3）开复工施工面积。通过住宅建设管理部门了解历年的开复工施工面积，可以方便地计算施工废物产生量。

（4）域内公路维修和养护数据。通过查阅市政管理部门域内市政大中修、养护项目历年路面材料铣刨数量及养护规划与计划，可以计算、预测市政道路养护路面铣刨废物产生量。

（5）历年工程渣土统计。通过建设和渣土管理部门了解渣土统计资料，可以查到渣土开挖、运输、存放、调剂使用的基本情况。

（6）常住人口。通过生活垃圾管理部门可以查阅域内居民生活垃圾量，按每天1000人产生生活垃圾计算可以得到常住人口数据。由于生活垃圾量处理费属于财政拨款，其数据非常可靠，其精确度和时效性都很好。另外，也可以通过人口统计部门获取常住人口信息来计算家庭装饰装修废物产生量。

（7）每户人均数。通过公安和人口统计部门获取每户人均数，可以计算家庭装饰装修废物产生量。

（8）企事业年装修面积。企事业年装修必须申报消防措施设计，通过当地的消防部门查阅企事业登记的装修申报资料，可以得到企事业年装修面积信息。

3.3 构建规划框架与确定资源化目标

3.3.1 确定建筑垃圾资源化发展目标

根据《全国城市市政基础设施建设"十三五"规划》，我国要加强建筑垃圾源头减量与控制，加强建筑垃圾资源回收利用设施及消纳设施建设。建立健全政府主导、社会参与、行业主管的建筑垃圾管理体系，构建布局合理、管理规范、技术先进的建筑垃圾资源化利用体系，实现建筑垃圾减量化、无害化、资源化利用和产业化发展。

分析现状建筑垃圾量、建筑垃圾处置设施及相关法律法规，根据城市发展阶段、程度，预测不同来源、不同阶段城市建筑垃圾量，来确定某一地区建筑垃圾资源化的发展目标。

（1）确定建筑垃圾行政主管单位，构建统一管理体系。

（2）制定和建立建筑垃圾治理的源头减量化机制，编制相关地方管理条例，要求施工单位在施工过程中做到建筑垃圾源头减量。

（3）建设建筑垃圾处理处置设施，并且编制相关地方管理条例，初步实现建筑垃圾的破碎、分选、回收利用。

（4）同时持续推进建筑垃圾治理行业产业化。

3.3.2 构建整体规划框架

建筑垃圾资源化规划需要覆盖建筑垃圾从产生到收集、运输、贮存、资源化处理与利用、处置的全过程，形成建筑垃圾资源化利用规划框架（图3-3）。

3.3.3 明确用地分类标准

城市用地分类标准应该伴随城市不同时空的发展阶段和城市经济社会的发展规律，从静态的固定标准转变为动态的可变标准，以符合城市不同的发展阶段及不同地域不同气候的城市的用地需求。现行的《城市用地分类与规划建设用地标准》（GB 50137—2011）的城乡用地分类和代码中，U22类用地内容并未包括建筑垃圾的消纳、处置场地，这也是目前我国很多城市建筑垃圾处置消纳工作难以

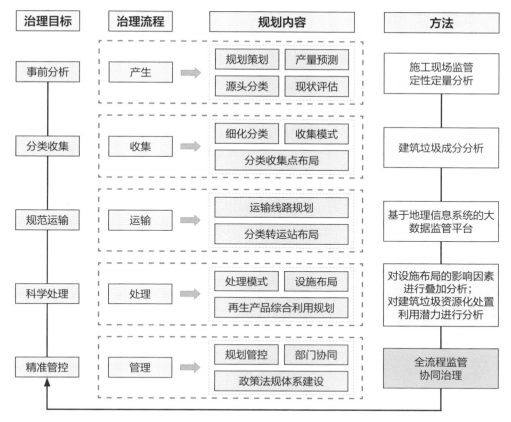

治理目标	治理流程	规划内容		方法

| 事前分析 | 产生 | 规划策划 | 产量预测 | 施工现场监管
定性定量分析 |
| | | 源头分类 | 现状评估 | |

| 分类收集 | 收集 | 细化分类 | 收集模式 | 建筑垃圾成分分析 |
| | | 分类收集点布局 | | |

| 规范运输 | 运输 | 运输线路规划 | | 基于地理信息系统的大
数据监管平台 |
| | | 分类转运站布局 | | |

| 科学处理 | 处理 | 处理模式 | 设施布局 | 对设施布局的影响因素
进行叠加分析;
对建筑垃圾资源化处置
利用潜力进行分析 |
| | | 再生产品综合利用规划 | | |

| 精准管控 | 管理 | 规划管控 | 部门协同 | 全流程监管
协同治理 |
| | | 政策法规体系建设 | | |

图 3-3　建筑垃圾资源化利用规划框架
（资料来源：作者自绘）

开展的重要原因之一。

　　建筑垃圾处理设施用地（涵盖收集、运输、贮存、资源化利用、处置等环节）为安全、集中、高效处置城市建筑垃圾提供了可行方案，它是大中城市建设不可或缺的重要功能区。建议在城市建设用地分类规范中增加建筑垃圾消纳场及资源化设施类的用地，可以保证建筑垃圾消纳场和资源化场地的合法性，保障土地供应，促进我国城市建筑垃圾的减量。按《关于加快推进城镇环境基础设施建设的指导意见》（国办函〔2022〕7号）等相关文件的要求，要实现"加强建筑垃圾精细化分类及资源化利用，提高建筑垃圾资源化再生利用产品质量，扩大使用范围，规范建筑垃圾收集、贮存、运输、利用、处置行为"的目标，需要将建筑垃圾处理设施用地纳入城市公用设施用地分类中，解决用地指标缺乏所导致的项目建设用地选址难的问题（表3-1）。

3.3.4　合理布局设施

建筑垃圾资源化设施作为市政设施的重要组成部分，应该遵循国土空间总体规划、详细规划中的建筑垃圾资源化、减量化、无废化的总体规划目标和控制指标及市政设施用地布局；同时，设施的选址也要遵循一定的原则，避免对环境造成二次

表 3-1　城市公用设施用地分类表（建议）

类别代号			类别名称	范围
大类	中类	小类		
U			公用设施用地	供应、环境、安全等设施用地
	U1		供应设施用地	供水、供电、供燃气和供热等设施用地
		U11	供水用地	城市取水设施、水厂、加压站及其附属的构筑物用地，包括泵房和高位水池等用地
		U12	供电用地	变电站、配电所、高压塔基等用地，不包括各类发电设施用地
		U13	供燃气用地	分输站、门站、储气站、加气母站、液化石油气储配站、灌瓶站和地面输气管廊等用地
		U14	供热用地	集中供热锅炉房、热力站、换热站和地面输热管廊等用地
		U15	通信用地	邮政中心局、邮政支局、邮件处理中心等用地
		U16	广播电视用地	广播电视与通信系统的发射和接收设施等用地，包括发射塔、转播台、差转台、基站等用地
	U2		环境设施用地	雨水、污水、固体废物处理和环境保护设施及其附属设施用地
		U21	排水用地	雨水泵站、污水泵站、污水处理、污泥处理厂等设施及其附属的构筑物用地，不包括排水河渠用地
		U22	环卫用地	生活垃圾、建筑垃圾、医疗垃圾、危险废物处理（置），以及垃圾转运、公厕、车辆清洗、环卫车辆停放修理等设施用地
	U3		安全设施用地	消防、防洪等保卫城市安全的公用设施及其附属设施用地
		U31	消防用地	消防站、消防通信及指挥训练中心等设施用地
		U32	防洪用地	防洪堤、排涝泵站、防洪枢纽、排洪沟渠等防洪设施用地
	U9		其他公用设施用地	除以上之外的公用设施用地，包括施工、养护、维修设施等用地

资料来源：作者自绘。

污染，尤其需要关注在选址过程中可能面临的"邻避效应"博弈，也应避免建造设施的资源浪费；此外，建筑垃圾资源化处理处置设施的布点要在宏观环境的把控下，坚持分级配置，为管理提供便利。

1. 布局原则

建筑垃圾资源化处理设施规划布局应在一定原则的管控下进行。前瞻性、科学性、协调性、环保性，以及刚性与弹性相结合是建筑垃圾处理处置设施在布局中需要重点考虑的原则维度，不同的维度下引导不同的建设需求。如前瞻性主要考虑处置设施的中长期规划及与城市发展方向的复合；科学性主要考虑建筑垃圾产生量、处置规模的精细化掌控，以及建筑垃圾治理工作与城市规划体系衔接的科学战略；协调性是区域统筹与公平分配内容的具体体现；环保性是必不可少的原则，建筑垃圾处理设施在选址建造中应避开城市生态涵养区、水源保护地等生态空间；建筑垃圾处理设施的固定性功能与临时性功能、预留用地设置是刚性与弹性相结合原则的具体体现。

2. 选址要点

建筑垃圾处理设施包括但不限于转运站、资源化处理厂、固定消纳场等，每种建筑垃圾处理设施在选址时均应遵循相同的要求，同时还要考虑并满足各自独立的需求。转运站的选址一方面要考虑其作用和功能是否满足区域内建筑垃圾贮存需求，另一方面，要考虑其建设是否会对周边环境造成负面影响，应采用最优的设计，降低建筑垃圾转运站的建设成本。资源化处理厂厂址选择需要比较的方面主要有地质水文条件、交通条件、地理位置、基础设施条件、城市相关规划、公众意愿等，同时考虑项目功能、投资等条件，选择更为适合的厂址。建筑垃圾消纳场厂址选择是一项综合性很强的工作，它是以国家现行文件为指导，在上级主管部门下达有关建厂（场）的指示精神下，对备选几处厂（场）址，进行技术、经济、环境及人身体健康等各方面的比较，从中选择一个建设投资少、运营费低、建设快，并具有最佳环境效益和社会效益的厂（场）址。根据城市周边的地势和自然条件情况，以天然谷地型填埋场场址为最佳。

3. 分级配置

建筑垃圾处理设施布局不仅要满足分级配置的要求，也要考虑资源优化的需求，即建筑垃圾处理设施的布局在便利管理的条件下，需要考虑节约的需求。鉴于此，目前有分区式布局、集中式布局及区域统筹式布局三种模式可供选择（表3-2）。通过分析城市规模、人口、建筑垃圾年产生量、运输距离、处理技术及行政区域管理能力等因素，并统筹考虑建筑垃圾处理设施三种布局模式的优缺点和适用范围，综合确定适宜的配置模式。

表3-2　建筑垃圾处理设施布局模式分析

布局模式	内容	优点	缺点	适用范围
分区式布局	对城市进行分区，每个区域分别设置建筑垃圾处理设施，实行分区管理	收运成本低、利于管理、应急能力较强	选址难度大、建设成本高、环境影响大、占地面积大	超大城市、大城市（规模较大、行政区域管理能力较强、经济发达）
集中式布局	全市集中建设一处及以上建筑垃圾综合利用中心，市级统筹管理	选址较容易、便于监管、设施运营成本较低、收运成本较低、建设成本较低、环境影响较小、占地面积较小、应急能力较强	可能面临"邻避效应"博弈	中、小城市（规模较小、运输距离较短、建筑垃圾产生量较低）
区域统筹式布局	因特殊原因，无法设置建筑垃圾处理设施的市（县、区），通过区域协同共享，区域设施一体化，必要时不受行政边界限制，布局建筑垃圾处理设施	选址容易、建设成本较低、运营成本低、环境影响较小	收运成本高、占地面积小、监管难度大、应急能力低	经济发展较快地区、土地利用紧张地区和环境敏感地区的市（县、区）

资料来源：姚彤.建筑垃圾资源化利用规划策略研究 [D].北京：北京建筑大学，2021.

因大城市具有人口密度大、建筑垃圾产生较为集中、行政区域管理相对独立、经济能力较强等特点，从提高管理效能、加大监管力度和增强城市应急能力等提升城市精细化管理方面考虑，借鉴北京、上海等城市的经验，大城市可以考虑采用行政辖区内处理模式；因中等城市和小城市（县、区）具有人口密度较低、建筑垃圾产生量较小等特点，应综合考虑设施的规模经济效应、建设成本和运行成本等经济因素，充分利用设施处理能力，中等城市可考虑采用全市集中的处理模式；运输距离相对较近、经济较为发达、土地资源稀缺的小城市（县、区）可考虑采用区域统筹处理模式。

3.3.5　配套清运体系与管理

建筑垃圾运输管理的重点在于分类运输，确保建筑垃圾在运输过程中不会造成环境污染。针对建筑垃圾消纳场所处理能力基本饱和的现状，需要建立建筑垃圾分类处理规范，建立建筑垃圾清运全程管理系统。在收集不同类型建筑垃圾后，进行运输管理，并将信息化平台建设贯穿始终，是建筑垃圾清运系统建设的重要环节。

1. 收运体系

根据建筑垃圾来源和资源化方向的不同，对于不同类型的建筑垃圾需要建立不同的收运体系。工程渣土利用以就地利用、种植、回填、造景为主，剩余部分可运到消纳单位处理。建设工程应在规划设计阶段，充分考虑土石方挖填平衡和就地利用，或进入市场化调配运转，促进循环利用。工程渣土收运管理主要考虑建设单位及施工单位双方的相关工作。拆除施工单位是拆除垃圾产生源头现场管理的责任单位，应按照拆除垃圾规范堆放的有关要求，配备现场管理人员进行分类堆放。拆除垃圾应实施源头分拣，按照金属类、塑料类、木质类、砖石类（含玻璃、瓷砖）等进行分类堆放，对于可能混入生活垃圾、工业垃圾和有毒有害垃圾等的拆除垃圾，应单独分出，并通过相应的专门处置渠道进行规范处置。根据对拆除垃圾经分拣后产生的不同类别，按不同属性分类处置，并在收运管理时满足相关要求。装修垃圾应分类收集、运输和处置。居民住宅小区内产生的装修垃圾要规范处置，按照"能分则分、能用则用"的原则进行资源化及回收利用，装修垃圾可分为可回收利用的材料（如木材、胶合板、废旧钢材、塑料等，以及剩余混凝土）和不可回收利用的其他废料。

2. 运输管理

建筑垃圾的运输管理须考虑车辆管理和运输方案两个方面。管理车辆的运输企业须取得经营许可且建立运输车辆管理台账；管理部门按照建筑垃圾处置核准的相关规定进行审核，对未取得经营许可的运输企业、不符合地方标准和环保标准的运输车辆，不予核发准运证。办理施工安全监督手续的部门应当对上述内容进行核查。

除此之外，还应该规范建筑垃圾清运市场，鼓励组建绿色车队。处置建筑垃圾的运输单位在运输过程中，运输车辆应注明装载地点、消纳地点、行驶路线。按照处置核准所规定的运输路线、时间运行，不得丢弃、遗撒建筑垃圾，不得超出核准范围承运建筑垃圾，并遵循相关规定。

3.3.6 构建制度和管理平台保障

为解决建筑垃圾不规范处置对土地资源、生态环境造成破坏的问题，需要利用数字化、智慧化手段推进各地城市建筑垃圾管理平台的建设。

城市建筑垃圾管理平台按照"源头管控、运输监管、消纳管理、信息共享"的思路，依托系统平台通过计算与预测建筑垃圾产生量、监控建筑垃圾处置设施和建筑垃圾清运、明确保障措施等，实现对建筑垃圾产生、运输、处置全过程的智慧化监管。

建筑垃圾管理平台可实现对建筑垃圾的信息共享、统计分析，促进建筑垃圾产、运、消的综合管理，规范建设单位、运输企业、消纳企业的市场行为，有助于对建筑垃圾源头企业实行统筹管理，规范运输行为，合理规划消纳设施及资源化处置设施布局，促进资源化产品再利用，不断提高建筑垃圾循环利用水平。

4

建筑垃圾产生量计算与预测

4.1　基础计算方法

4.1.1　人均乘数法

很多文献提到了这种方法，将其视为最早的建筑垃圾量化方法。它源自城市固体垃圾的量化，适用于区域层面建筑垃圾量的估算。尽管在搜集到的文献中没有对这种方法进行单独的应用，但提到这种方法的文献为以后建筑垃圾量化方法的发展提供了思路。

这种方法的量化过程主要分为以下几步：首先，对某个区域在某个特定时间段内公共填埋场的处理数据进行统计，计算出该区域在该时间段内的建筑垃圾填埋总量；其次，根据当地相关统计资料，获得区域内人口总数，从而计算得到在此特定时间段内的人均建筑垃圾产生量；最后，结合该区域内的未来人口变化趋势，预测该区域未来建筑垃圾的产生量。

这种方法应用较为方便，但由于建筑垃圾的产生量与建筑活动直接相关，而非人口数量（例如在某一时间段内人口数量保持不变，但是建筑活动波动较大），因此这种方法与实际相比可能会有较大的波动。

4.1.2　现场调研法

这种方法一般用于计算单个或有限个数的项目层面的建筑垃圾产生量，不适用于区域层面的估算。因为在一定区域范围内，建筑工程活动较多，如果用这种方法进行建筑垃圾的量化，将会消耗大量的人力和时间。

在实施现场调研法时，通常会同时进行两方面工作：现场观测和专业人士访谈。

1. 现场观测

现场观测可以分为两种途径：一种是直接测量，即直接对现场堆放的建筑垃圾进行测量并计算；另一种是间接测量，即通过对进出场的建筑垃圾运输车辆进行统计，估算建筑垃圾总量。

选用直接测量方式时，可以根据现场建筑垃圾的堆放情况将其简化为简单的几何模型。若堆放呈四棱锥状，则可以按照体积 =（底面积 × 高）/3 计算；若堆放呈长方体状，则按照体积 = 长 × 宽 × 高计算。对于零散的建筑垃圾，则先按照堆体规模、形态的相似程度分类，再从各类中随机抽取三个样本进行测量，取其平均值作为这一类的标准值，用其乘以总数获得最终值。

选用间接测量方式时，调查者可计算进出场的建筑垃圾运输车辆的容积及次数，进而获知某一时段内建筑垃圾量。例如，建筑垃圾运输车可以容纳的平均建筑垃圾体积为 120 立方米，若某一天中总共有 10 辆进出场的运输车，则当日产生的建筑垃圾为 1200 立方米。

比较这两种方法不难看出，间接法实施起来较为方便快捷，但直接法的优势在于可以获得更加精确的测量结果，如可以应用于测量某类建筑材料的废弃量，而间接法只能获得总量上的数据，适用于较低级的建筑垃圾管理。

2. 专业人士访谈

在现场观测的同时，对有经验的现场管理人员进行访谈，可以获得对项目的建筑垃圾产生率的直观认识和估算，可以提高数据的有效性。

4.1.3 单位产量法

单位产量法作为应用于区域层面和项目层面各时期建筑垃圾产生量的估算工具，是应用最广泛的一类方法，可根据数据来源的不同采用不同的应用方式。

1. 基于建设许可资金额的单位产量法

人均乘数法是最早的单位产量法，但在计算过程中没有考虑建筑垃圾的产生量与建筑活动变化的紧密关系。为了在建筑垃圾量化方法中体现这种关系，Yost 和 Halstead 基于美国国家统计局公布的建设项目许可证书中的建设资金金额，发展了一种建筑垃圾估算方法。这种方法可以对区域层面的建筑垃圾产生量进行估算，目的是为建筑垃圾回收企业的选址提供决策支持。

以石膏墙板为例，首先需要选取若干具体的项目进行实地调研，获得各个项目的建筑面积和废弃石膏产生量，应用线性回归分析获得单位建筑面积废弃石膏板的产生率；接下来根据建设项目许可证书中的建设资金金额和建设面积，应用线性回归方程获得单位建设面积对应的建设资金预算；第三步根据建设项目许可证书计算目标区域范围内总的建设资金金额；最后可根据前三步所建立的线性关系，预测区域内废弃石膏的总产生量。

这种方法将建设项目许可证书中的建设资金金额作为转换因子，同样适用于该类项目中其他类型建筑垃圾产生量的计算。应用这种方法的好处是能够在建筑垃圾的量化与建设活动的规模之间建立关联，从而降低误差，其使用前提是政府对当地的建设项目具有良好的备案及公开机制。具体到国内管理现状来说，即可以根据住建部门所掌握的项目开工面积和项目投资额进行相关的估算。

2. 基于分类系统的单位产量法

由于建筑废弃材料的多样性和复杂性，只是对建筑垃圾的总量进行测算，已不能很好地满足管理要求。为制定更加精细的策略，可以建立建筑垃圾分类系统，将各类建筑垃圾按分类系统细化，计算每类建筑垃圾的量。

参照 Solís-Guzmán 等针对建筑施工现场产生的建筑垃圾提出的建立分类系统的思想，基于西班牙的建设项目预算系统，包括章和节概念的层次清晰的建筑垃圾分类系统得以建立。该分类系统用数字和字母表示，如 02TX，02 代表大类活动中的第二章，即土石方工程，TX 代表这一大类活动中的某一特定小节，即土石方运输。在此基础上，可以按照前述方法进行各种材料废弃量的计算。

根据《中华人民共和国固体废物污染环境防治法》的要求，建筑垃圾分为五大类。各地主管部门即将建立的建筑垃圾分类管理数据库对于提高建筑垃圾管理的效率将有很大帮助。在应用单位产量法进行估算前，除实地调研，若能搜集政府工作报告、可靠的行业报告数据或是学术文献等研究成果，将会使建筑垃圾的量化变得有据可查。单位产生量测量标准的选择应当根据材料的几何性质决定，如废弃混凝土可以选择以单位面积的质量（kg/ m^2）为标准，废弃工程渣土选择以单位面积的体积（m^3/m^2）为标准等。

4.1.4 材料流分析法

材料流分析法由 Cochran 和 Townsend 提出，可用于分析区域层面产生的工程（施工）垃圾和拆除垃圾总量。这种方法以工程材料的总购买量为研究对象，按其在建筑项目中的用途进行分析，并基于以下假设：项目购买的建筑材料（M）并非都构成建筑物实体，一些建材在建设阶段不可避免地被废弃掉，成为工程（施工）垃圾

（CW），剩余的材料则构成建筑物实体，其在建筑物到达建筑寿命终点时被拆除，全部转化为拆除垃圾（DW），即 $DW = M - CW$。

假定某一类建筑结构的平均建筑寿命为 50 年，如果计算这类建筑 2011 年建筑垃圾的产生量，则可以用公式（4-1）和（4-2）表示：

$$CW_{(2011)} = M_{(2011)} \times W_c \qquad (4\text{-}1)$$

$$DW_{(2011)} = M_{(1961)} - CW_{(1961)} \qquad (4\text{-}2)$$

其中：W_c 代表施工场地建材平均废弃率，一般施工指南中都有规定。2011年的拆除垃圾量等于 50 年前构成建筑物的建材总量。将两式相加即得到 2011年建筑垃圾（工程垃圾和拆除垃圾）的总产生量。

使用这种方法算出的建筑垃圾总产生量，一般比实际产生的建筑垃圾总量要多，因为在实际建设和拆除项目中产生的建筑垃圾会有一定比例被回收利用。

4.1.5 系统建模法

准确的建筑垃圾量化结果有利于制定更加详尽合理的建筑垃圾管理策略，因此一些学者提出了用系统建模的方法，将建筑垃圾量化视为一个由许多影响因素构成的系统，通过建立模型对各影响因素进行分析，提高建筑垃圾产生量的预测精度。

Wimalasena 等提出了"基于工序的量化"思想，认为建设工程建筑垃圾的产生，是由一系列单独的建筑工序构成的，将这些工序累加即得到整个项目建筑垃圾的产生量。这一方法从系统角度对每个工序的建筑垃圾产生量进行识别，以保证对总量预测的精度控制。在工序运作过程中建筑垃圾产生量的影响因素有四类，包括工序特定因素（如施工方法、工序工期、预算等），人力与机械因素（如劳动力数量、机械运作情况、事故情况等），现场条件和天气因素（如工作时的温度、湿度、亮度等）及公司政策（如安全政策、工资情况等）。通过一系列定性和定量的方法，确定每个因素对建筑垃圾产生量的贡献度，从而可以在不同的环境下依据因素的变化情况，对建筑垃圾的产生量进行预测。

在我国的建筑垃圾管理实践中，建筑垃圾的产生量与诸如建筑面积、建材用量、建材市场波动、人口数量、施工管理情况、拆除办法等众多影响因子相关，要建立模型并对其作出估算，还需要使所用影响因子尽量用可量化数据代替，而很多指标又受到各地实际统计数据缺乏的限制。在综合考虑各种因素后，可就影响建筑垃圾增加或减少两方面的因素，选出城市人口、建筑施工面积、拆除工程量、装修工程量、建材消耗量、开挖工程量几个指标来表示影响其增加的指标；用建筑垃圾回收率、政府管控力度、绿色建材使用率来表示影响其减少的指标，并利用专家打分法和主成分分析法最终确定拆除工程量、建筑面积、装修工程量和城市人口四个因素是影响建筑垃圾产生量的主要因素。在实际操作中，可结合大量报道或文献资料，明确拆除工程量、建筑面积、装修工程量、商品房销售面积和城市人口等影响建筑垃圾产生量的主要因素，将对建筑垃圾产生量的估算有重要的参考价值。

4.1.6 经验系数估算

建筑工程的类型和特点，决定了建筑垃圾的种类和产生量。本节首先对不同类型工程的建筑垃圾组成进行分析，之后根据各地实践和文献数据，了解不同类型工程的建筑垃圾产生量，总结相应的经验系数供计算时参考。

1. 不同类型工程所产生建筑垃圾的组成

（1）建筑工程主要分为主体施工和基础开挖而产生的建筑垃圾。施工垃圾主要由散落混凝土和砂浆、打凿所产生的混凝土碎块和砖石，以及打桩截下的钢筋混凝土桩头等组成；开挖垃圾主要是渣土与砂石等。

（2）道路建设和市政建设工程产生的建筑垃圾，主要是道路开挖所产生的弃块和弃渣，包括废混凝土块、废沥青混凝土块、砂石渣土等。

（3）建材产品生产过程中产生的垃圾，包括生产时的废料与废渣，以及建材成品在加工和搬运过程中产生的碎块和碎渣。

（4）拆除工程通常包括旧房屋拆除和废构筑物拆除。拆除所产生的建筑垃圾组分与建筑物结构有关，在砖混结构建筑中，混凝土块、砖块、瓦砾约占 80%，其余为木料、碎玻璃、石灰、渣土、屋面废料、装饰废料等；框架、剪力墙的混凝土结构建筑中，混凝土块约占 50%，其余为砖砌块、金属、木料、碎玻璃、塑料、装饰废料等。

（5）房屋的装饰装修工程包括公共建筑类工程和居民住宅类工程，主要有凿落多余的碎渣块及拆除的旧装修材料，装修时剩余的金属、竹木、包装材料等。而公共建筑装饰的多样性，也使得这类装饰装修工程产生的建筑垃圾组分是多样性的。

2. 不同类型工程建筑垃圾估算方法

根据大量统计数据和研究资料，对不同类型工程产生建筑垃圾的组成成分进行分析，通过数理统计，确定不同类型工程的建筑垃圾估算公式及垃圾系数（表4-1）。因垃圾系数均为经验值总结，各地在进行计算和预测时，可根据实际调研情况因地制宜进行合理调整。

表 4-1　不同类型工程的建筑垃圾估算公式及垃圾系数表

分类	工程类型	估算公式	相应条件下垃圾系数	
可直接利用的建筑垃圾	建筑施工工程	主体施工建筑垃圾量＝施工建筑面积×单位面积产生垃圾系数	0.05 t/m^2	砖混结构
			0.03 t/m^2	混凝土结构
		基础开挖建筑垃圾量＝（开挖量－回填量）×单位体积产生垃圾系数	1.6 t/m^3	—
	道路建设工程/市政建设工程	建设垃圾量＝（开挖量－回填量）×单位体积产生垃圾系数	1.6 t/m^2	—
	建材生产	建材生产的垃圾量＝建材生产总质量×单位质量垃圾系数	0.02	
资源化处理后可利用的建筑垃圾	拆除工程	房屋拆除工程建筑垃圾量＝拆除建筑面积×单位面积产生垃圾系数	0.8 t/m^2	砖木结构
			0.9 t/m^2	砖混结构
			1 t/m^2	混凝土结构
			0.2 t/m^2	钢结构
		构筑物拆除工程建筑垃圾量＝拆除构筑物体积×单位体积产生垃圾系数	1.9 t/m^3	—
	装饰装修工程	公共建筑类装饰工程建筑垃圾量＝总造价×单位造价产生垃圾系数	2 t/万元	写字楼
			3 t/万元	商业用楼
		居住类装饰工程建筑垃圾量＝建筑面积×单位面积垃圾系数	0.1 t/m^2	160 m²以下工程
			0.15 t/m^2	160 m²以上工程

资料来源：作者自绘。

4.2　建筑垃圾分类预测

建筑垃圾的产生量与所从事的建筑活动及建筑结构有很大关系。根据建筑垃圾产生的比例和种类，可以将建筑垃圾分类预测分为工程渣土预测、工程泥浆预测、工程垃圾预测、拆除垃圾预测、装修垃圾预测五个部分。

4.2.1　行业标准建议方法

根据《建筑垃圾处理技术标准》（CJJ/T 134—2019），建筑垃圾处理工程规模应根据该工程服务区域的建筑垃圾现状产生量及预测产生量，结合服务区域经济性、技术可行性和可靠性等因素确定，且应符合环境卫生专业规划或垃圾处理设施规划。

建筑垃圾产生量宜按工程渣土、工程泥浆、工程垃圾、拆除垃圾和装修垃圾分类统计；无统计数据时，可按下列规定进行计算。

（1）工程渣土、工程泥浆可结合现场地形、设计资料及施工工艺等综合确定。

（2）工程垃圾产生量可按公式（4-3）计算：

$$M_g = R_g \times m_g \tag{4-3}$$

式中：M_g——某城市或区域工程垃圾产生量，t/a；

　　　R_g——城市或区域新增建筑面积，10^4 m²/a；

　　　m_g——单位面积工程垃圾产生量基数，t/10^4 m²，可取（300～800）t/10^4 m²。

（3）拆除垃圾产生量可按公式（4-4）计算：

$$M_c = R_c \times m_c \tag{4-4}$$

式中：M_c——某城市或区域拆除垃圾产生量，t/a；

　　　R_c——城市或区域拆除面积，10^4 m²/a；

　　　m_c——单位面积拆除垃圾产生量基数，t/10^4 m²，可取（8000～13 000）t/10^4 m²。

（4）装修垃圾产生量可按公式（4-5）计算：

$$M_z = R_z \times m_z \tag{4-5}$$

式中：M_z——某城市或区域装修垃圾产生量，t/a；

R_z——城市或区域居民户数，户；

m_z——单位户数装修垃圾产生量基数，t／(户·a)，可取 (0.5～1.0) t／(户·a)。

4.2.2　工程渣土产生量预测

工程渣土是指建设单位、施工单位新建、改建、扩建和拆除各类建筑物、构筑物、管网等过程中所产生的弃土、弃料、淤泥、余渣等固体废物。

已进行招投标工程的基础弃土量，可根据施工图预算中的相关子目计算（公式（4-6））。不能提供施工图预算的工程，基础弃土量由具有资质的中介机构根据施工图纸计算；有特殊情况的，申请单位应提交相关依据，据实核减。

$$基础弃土量＝（基础开挖量－回填量）×单位体积弃土量 \qquad (4-6)$$

单位体积弃土量按黏土类别计算，每立方米 1.6 吨。

地下基础工程产生的建筑渣土量更是惊人。据统计，绍兴市轨道交通 1 号线预计总弃土方量约 650 万方，仅 2020 年即超过 300 万方。

在相关文献中也有研究分析了近几年我国建筑垃圾中工程槽土的变化趋势，发现其数据满足灰色预测模型对数据精度的要求。

其具体预测模型为：

$$y（t+1）＝61\,015.39e^{0.041861t}－38\,816.39 \qquad (4-7)$$

利用上述模型（公式（4-7））可以预测我国建筑垃圾中工程渣土的总产生量。

4.2.3　工程泥浆产生量预测

在建筑及桥梁桩基工程、地下隧道盾构和一些非开挖工程的施工中，需要使用泥浆来平衡井壁压力，保护孔壁稳定，冷却钻头，携带钻渣。作为工程施工辅助材料的泥浆是一种由水、膨润土颗粒、黏性土颗粒及外加剂组成的悬浊体系，由膨润土或黏性土与水配制而成，一般来说，按体积比计算，水占 70%～80%，固体颗粒占 20%～30%。施工过程中，由于钻渣混入，泥浆性质发生改变，当不能满足规定的使用时则产生了废弃的工程泥浆。

据 2019 年相关资料统计，目前我国城乡建设中每年拆除老旧建筑和新建项目产生废弃建筑泥浆 3.6 亿吨以上，废弃建筑泥浆的数量已经占到城市泥浆的 45% 以上。

具体预测模型有以下两种。

方法一：适用于预测桥梁工程中桩基施工过程产生的工程泥浆数量，计算表达式见公式（4-8）：

$$W_n = \sum_{i}^{n} \left(\varepsilon_{n_i} v_{n_i} + \varepsilon_{nc_i} v_{nc_i} \right) \tag{4-8}$$

式中：W_n—— 建设工程产生的工程泥浆总量，m³；

v_{n_i}—— 第 i 个墩单根桩的成孔体积，即循环泥浆量，m³；

v_{nc_i}—— 第 i 个墩所有桩的成孔体积，即桩基自身产生的外运泥浆量，m³；

ε_{n_i}—— 循环泥浆转化系数，通过项目调研，循环泥浆转化系数根据现场施工经验，可设定取值为3；

ε_{nc_i}——外运泥浆转化系数，与现场土质有关，可现场取样实验。

方法二：适用于预测桥梁工程和房屋建筑工程中桩基施工过程产生的工程泥浆数量，计算表达式见公式（4-9）：

$$W_n = Q_p / a_p + \varepsilon_n v_n \tag{4-9}$$

式中：W_n——建设工程产生的工程泥浆总量，m³；

v_n——桩基的成孔体积，m³；

Q_p——膨润土用量或黏土的用量，kg 或 m³；

a_p——制作每立方米泥浆所需要的膨润土用量或者黏土用量，kg/m³ 或 m³/m³。

ε_n——外运泥浆转化系数，与现场土质有关，可现场取样实验。

地连墙成槽时产生的工程泥浆的数量也可用方法二的计算表达式计算，根据当地定额的实际情况而定，当材料定额中有护壁泥浆的数量时，则只需要加上外运泥浆产生量。

4.2.4　工程垃圾产生量预测

工程垃圾大多为固体废物，一般是在建设过程中产生的。不同结构类型的建筑所产生垃圾虽成分有所不同，但基本组成是一致的，主要由土、渣土、散落的泥浆和混凝土、剔凿产生的砖石和混凝土碎块、打桩截下的钢筋混凝土桩头金属、竹木材、包装材料和其他废弃物等组成。

从 2006 年至 2015 年，我国建筑业房屋施工面积呈指数型增长。2006 年全国建筑业房屋施工面积为 41.02 亿平方米，而到 2015 年全国建筑业房屋施工面积为 123.97 亿平方米，年均增长率为 13%。

建筑施工过程中的工程垃圾产量与其所消耗的材料总量密切相关，但也受到不同施工单位管理严格程度的影响。总的来说，利用施工材料消耗量来推算这类工程垃圾产生量是相对可行的，作为参考，表 4-2 给出了建筑施工工程垃圾主要组成部分占相应材料消耗量的比例。

表 4-2　建筑施工工程垃圾主要组成部分占相应材料消耗量的比例一览表

工程垃圾主要组成部分	占相应材料消耗量的比例 /（%）
碎砖（碎砌块）	3 ～ 12
砂浆	5 ～ 15
混凝土	1 ～ 4
桩头	5 ～ 15
屋面材料	3 ～ 8
钢材	2 ～ 8
木材	5 ～ 10

资料来源：作者自绘。

在进行粗略性预测时，通常可使用经验系数：对于砖混结构的住宅，每 10 000 平方米建筑物的施工，平均将产生 300 立方米的废渣量；对于全现浇结构和框架结构等建筑物，在 10 000 平方米建筑物的施工过程中平均产生 500 ～ 600 吨的废渣量。

例如，若选取每 10 000 平方米建筑施工面积平均产生 550 吨建筑垃圾，建筑施工面积对城市建筑垃圾产生量的贡献率为 48%，则各年度施工面积对应的建筑垃圾产生量如表 4-3 所示。

表4-3　2006—2017年建筑业房屋施工面积及其对应的建筑垃圾产生量

年份	建筑业房屋施工面积 /亿平方米	对应的建筑垃圾产生量 /万吨
2006	41.02	4.70
2007	48.20	5.52
2008	53.05	6.08
2009	58.86	6.75
2010	70.80	8.12
2011	85.18	9.77
2012	98.64	11.31
2013	113.20	12.97
2014	124.97	14.32
2015	123.97	14.20
2016	126.42	14.49
2017	131.72	15.93

资料来源：作者自绘。

根据表4-3推算并综合多个产业发展报告，近几年我国每年建筑垃圾的排放总量为14亿吨～24亿吨，占城市垃圾的比例约为40%，产量惊人。《基于物质流分析的建筑垃圾产生量预测》一文中指出，在短、中、长建筑寿命3种情况下，我国城镇住宅建筑垃圾总产生量分别于2072年、2081年和2100年达到峰值（28.69亿吨、21.71亿吨和16.50亿吨）；非住宅建筑垃圾总产量分别于2077年、2084年和2100年达到峰值（26.25亿吨、20.29亿吨和15.48亿吨）。如遇严重地震灾害，则产生量更多，仅2008年汶川大地震一次产生的垃圾就高达3亿吨。《"十四五"建筑业发展规划》中指出，"十四五"期间，建筑垃圾减量化工作要有成效，实现新建建筑施工现场建筑垃圾排放量控制在每万平方米300吨以下。

4.2.5　拆除垃圾产生量预测

建筑物拆除垃圾的组成与建筑物的类型相关：废弃的旧民居建筑中，砖块、瓦砾、混凝土块、渣土约占80%，其余为木料、碎玻璃、石灰、金属、包装物、防水材料、各类电信线和电源线、塑料制品等；废弃的旧工业、楼宇建筑中，混凝土块占 50% ～ 60%，其余为金属、砖块、砌块、塑料制品等（表 4-4）。从建筑垃圾产生量来看，砖混结构每立方米产生的建筑垃圾居多，目前我国砖混结构的建筑物多为居民住宅楼、宿舍、旅馆、办公楼等小开间的建筑。在混凝土结构中混凝土占 60%、砖瓦占 11%、木材占 9%、金属占 9%、渣土占 6%、其他占 5%，其中 95% 的废物可以资源化利用。砖混结构与框架结构、框架 - 剪力墙结构相比，碎砖（砌块）要比后者所占的比例高出 20% 左右。框架结构和框架 - 剪力墙结构中包装材料所占的比例要高于砖混结构。

表 4-4　建筑物拆除垃圾的组成与建筑物的类型

垃圾组成	所占比例 /（%）		
	砖混结构	框架结构	框架 - 剪力墙结构
碎砖（碎砌块）	30 ～ 50	15 ～ 30	10 ～ 20
砂浆	6 ～ 15	10 ～ 20	10 ～ 20
混凝土	8 ～ 15	15 ～ 30	15 ～ 35
桩头	—	8 ～ 15	8 ～ 20
包装材料	5 ～ 15	5 ～ 20	10 ～ 15
屋面材料	2 ～ 15	2 ～ 5	2 ～ 5
钢材	1 ～ 5	2 ～ 8	2 ～ 8
木材	1 ～ 5	1 ～ 5	1 ～ 5
其他	10 ～ 20	10 ～ 20	10 ～ 20
合计	100	100	100
单位建筑面积产生垃圾量 /（kg/ m²）	50 ～ 200	45 ～ 150	40 ～ 150

资料来源：作者自绘。

资料显示，拆除每平方米建筑约产生 0.7 吨建筑垃圾。而我国一家住宅建筑公司在拆除工程的统计中表明，每平方米住宅大约产生 1.35 吨的建筑垃圾。因此，依据年更新改造建筑面积每平方米产生 1.35 吨的建筑垃圾，可以推算出更新改造的建筑垃圾年产生量。

拆除垃圾产生量计算见公式（4-10）：

$$V_2 = A_2 \times C_2 \tag{4-10}$$

上述公式中，V_2 是拆除垃圾产生量，A_2 是拆除面积，C_2 是拆除垃圾的单位面积产生量系数，即建筑拆除产生量＝拆除面积 × 拆除垃圾的单位面积产生量系数。

预测拆建垃圾产量关键因素是确定单位面积产生量系数。

一般来说，可以根据中国建筑工业出版社出版的《建筑施工手册》中确定的单位建筑面积建材用量获得各结构类型的拆除垃圾单位面积产生量系数，以此为基础预测拆除垃圾产生量。

（1）民用房屋建筑按照每平方米 1.3 吨计算；有旧物利用的，在考虑综合因素后按结构类型确定为：砖木结构每平方米 0.8 吨，砖混结构每平方米 0.9 吨，钢筋混凝土结构每平方米 1 吨，钢结构每平方米 0.2 吨。

（2）工业厂房和跨度 9 米以上的仓储类房屋按结构类型确定为：钢结构每平方米 0.2 吨，其他按同类结构民用房屋建筑单位面积垃圾量的 40% ～ 60%。

（3）构筑物拆除工程建筑垃圾量按照实际体积计算，每立方米折合垃圾量 1.9 吨。而在实际计算中，由于地区性差异，以及不同结构类型的建筑物的建筑垃圾产出比不同，可以根据各地区发布或规定的不同单位面积垃圾产出比来计算。例如，青岛市在其建筑废物处理标准中明确了建筑面积与单位面积垃圾量的计算标准，具体如下。

（1）建筑面积：尚未拆除房屋的建筑面积按照房产证或拆迁许可证等证载面积计算；没有证件的房屋按实测面积计算；低于 2.2 米的棚户房按照房屋面积的 3/5 计算；已拆除房屋的建筑面积按照测绘管理部门提供或确认的 1/500 地形图计算。

（2）单位面积垃圾量：构筑物拆除工程的建筑垃圾量按照实际体积计算，每立方米折合建筑垃圾量 1.9 吨。民用房屋建筑按照 0.8125 m³/㎡ 计算；有旧物利用的，在考虑综合因素后按结构类型确定为：砖木结构 0.5 m³/㎡，砖混结构 0.5625 m³/㎡，钢筋混凝土结构 0.625 m³/㎡，钢结构 0.125 m³/㎡。

结合各地拆除施工经验，房屋拆除每平方米产生建筑垃圾为 0.5 ～ 0.7 立方米（根据房屋砖砌结构不同所产生建筑垃圾量不同）。按重量计算时，民用房屋建筑可以按照每平方米产生 1.3 吨建筑垃圾计算；有旧物利用的，在考虑综合因素后按结构类型确定为：砖木结构每平方米 0.8 吨，砖混结构每平方米 0.9 吨，钢筋混凝土结构每平方米 1 吨，钢结构每平方米 0.2 吨。有统计数据研究表明，对于砖混结构，住宅和工厂的建筑物的拆除建筑垃圾产生量相差 16%；而钢混结构建筑物中，各用途建筑物的差异范围为 5% ～ 21%。作为工厂的建筑物，各种结构类型所导致的产生量的差别范围为 2% ～ 12%，而住宅建筑物中，各种结构类型的拆除建筑垃圾产生量相差 1% ～ 12%。

此外，如果部分地区没有实测资料，或现场难以测算，可以按照以下经验数据估算：城镇地区砖混和框架结构的建筑物，产生量为 1.0 ～ 1.5 t/ m²；其他木质和钢结构的建筑物，产生量为 0.8 ～ 1.0 t/ m²。工业厂房和跨度 9 米以上的仓储类房屋按结构类型可参考钢结构每平方米 0.2 吨，其他按同类结构民用房屋建筑单位面积垃圾量的 40% ～ 60%。

4.2.6 装修垃圾产生量预测

建筑物装饰装修产生的垃圾组成成分复杂，一般包含砖块、混凝土块、木块、刨花、灰土、废陶瓷、废五金、废杂物、塑料纸等废弃物，垃圾中可能含有一定量的有毒有害物质。各垃圾组成成分所占比例与建筑物的类型、新旧及装修的精细程度有关。根据新旧住房装修垃圾成分比较（表 4-5），旧住房相比新住房产生的墙纸、破布、塑料等废弃物要高出 2% ～ 5%。从装修垃圾组成的总体来看，混凝土块和砖块仍占据总体的 50% 以上，废五金占总体的 5% 左右，因此在进行混凝土块和砖块破碎之前，分选必不可少。

表 4-5　新旧住房装修垃圾成分比较（单位：%）

住房类型	垃圾成分						
	混凝土块 （>4 mm）	砖块 （>4 mm）	灰土 （>4 mm）	陶瓷 （>4 mm）	木块、刨花、胶合板	废五金	其他（墙纸、破布、塑料、玻璃、石棉等）
旧住房	18 ～ 25	19 ～ 24	10 ～ 18	7 ～ 19	10 ～ 16	3 ～ 9	6 ～ 12
新住房	16 ～ 30	11 ～ 25	10 ～ 20	6 ～ 10	14 ～ 19	3 ～ 8	4 ～ 9

资料来源：作者自绘。

待建筑物施工完毕，就进入建筑物装修阶段。不同类型的建筑物装修的工程量也不尽相同。相同的建筑由于装修的精细程度不同，所产生建筑垃圾的量也不同。由于我们估算区域的装饰装修垃圾，考虑的面积比较大，所以在进行估算时忽略装修精细程度而单独考虑建筑工程中建筑的类型。一般可将装修工程分为普通住宅和公共建筑。常见居民住宅工程量小，建筑面积小，装修简易，产生的建筑垃圾种类少，量也比较小，而公共建筑却恰恰相反。

建筑装修产生垃圾总量的计算见公式（4-11）：

$$V_1 = A_1 \times C_1 \qquad (4-11)$$

上述公式中，V_1 为装修垃圾产生总量，A_1 为装修面积，C_1 为装修垃圾单位面积产生系数，即装修垃圾＝装修面积 × 单位面积产生系数。

在实际计算中，可以使用经验数据：装修面积＝当年现有房屋建筑面积×10%，居民住宅、公共类建筑垃圾产生量系数分别按每平方米 0.1 吨、0.2 吨计算，住宅类建筑和公共类建筑在我国建筑中所占比例约为 60% 和 40%。

在不同的管理需要情况下，也会分别预测公共建筑和居民住宅装修垃圾产生量。可采用的预测方式如下，见公式（4-12）至公式（4-14）。

（1）公共建筑类，包括办公（写字）楼、商店、餐饮、旅馆、夜总会等。

公共建筑类装修垃圾＝公共建筑类装修总造价×公共建筑装修垃圾

单位造价产生量指标 　　　　　　　　　（4-12）

其中：

公共建筑类装修总造价：总造价（万元）按建设方与施工方签订的有效合同计算（只计装修工程部分造价，不计设备费）。

公共建筑装修垃圾单位造价产生量指标：办公（写字）楼按每万元 2 吨计算，商店、餐饮、旅馆、夜总会等按每万元 3 吨计算。

（2）对于居民住宅建筑来说，不同建筑的建筑面积大小、装修过程的复杂程度、使用材料种类均存在差别，可以采用如下两种精度不同的方式进行预测。

方法一：

居民住宅装修垃圾＝建筑装饰装修的总面积×建筑装修垃圾

单位面积产生量指标 　　　　　　　　　（4-13）

其中：

建筑装饰装修的总面积：分别抽样调研高、中、低档小区物业，每年两次装修房屋面积，再按高、中、低档小区比例，计算装修垃圾产生量。

建筑装修垃圾单位面积产生量指标：新建房屋装修垃圾产生量按 0.015 t/ ㎡ 计算；二次房屋装修垃圾产生量按 0.1 t/ ㎡ 计算。

方法二：

$$居民住宅装修垃圾＝年均装修户数×户均装修垃圾量 \qquad (4\text{-}14)$$

装修垃圾主要集中在城镇化地区，根据家装行业经验数据，每 10 至 15 年装修一次，装修垃圾量为 6 ～ 8 t/（户·次）。例如，若选取每 12 年装修一次，则装修垃圾量可以按 7 t/（户·次）进行计算。

装修垃圾的产生量与城市规模、装修频次直接相关。一方面随着经济发展、社会进步，居民生活质量的日益提高，居民的装修频次将逐步提高；另一方面城市规模将逐步扩大，因而规划期装修垃圾产生量将呈现递增趋势。

5

建筑垃圾资源化技术路线选择

5.1 分类处置技术

循环经济是绿色发展的必然要求，是以资源的高效循环利用为核心，以"减量化、再利用、再循环"为原则，以低消耗、低排放、高效率为基本特征的社会生产和再生产范式，其实质是以尽可能少的资源消耗和尽可能小的环境代价实现最大的发展效益。建筑垃圾资源化利用是将建筑垃圾转变为资源的一种过程，即通过技术措施、管理手段，将建筑垃圾转变为具有利用价值的资源，其本质就是建筑垃圾循环利用，这是循环经济在工程建设领域的重要体现。

建筑垃圾资源化利用的对象一般是以工程垃圾、拆除垃圾、装修垃圾中的废混凝土及其制品、砂石、砖瓦等为主的无机非金属材料，通过破碎、筛分、分拣等工艺可生产再生骨料或再生产品。综合利用是指除了填埋场填埋和焚烧以外的所有利用方式，包括工程回填、路基填筑、堆山造景、环境修复、除农业用土外的其他用土、烧结制品及资源化利用等。主要的对象是全部建筑垃圾，包括施工时产生的工程渣土和工程泥浆，以及旧建筑更新改造过程中产生的工程垃圾、拆除垃圾和装修垃圾。

5.1.1 工程渣土处置技术

工程渣土以土为主，可能含有一定量的砂石。土的类型及砂石含量因所处区域地质条件、工程开挖深度等的不同而有所不同。《建筑地基基础设计规范》（GB 50007—2011）将土分为碎石土、砂土、黏性土、粉土。碎石土为粒径大于 2 mm 的颗粒含量超过全重 50% 的土；砂土为粒径大于 2 mm 的颗粒含量不超过全重 50%、粒径大于 0.075 mm 的颗粒含量超过全重 50% 的土；黏性土为塑性指数大于 10 的土；粉土为介于砂土与黏性土之间，塑性指数不大于 10 且粒径大于 0.075 mm 的颗粒含量不超过全重 50% 的土。

工程渣土的利用主要包括工程回填、堆山造景、砂石分离、烧结建材等。通过土方平衡，将工程渣土就地就近用于工程回填是渣土利用的主要方式。根据城市发展需要，可以利用渣土进行堆山造景或土地整形，服务城市园林建设。含水率较高的黏性土、粉土适用于生产烧结砖、烧结空心砌体等墙体材料或种植。含砂率较高的碎石土、砂土可采用水洗分离泥砂，辅以破碎、筛分工艺，获得天然砂石，用作各类建材原料，水洗后排出的泥浆通过机械脱水干化处理形成泥饼，泥饼可用于烧结建材、堆填或种植等。工程渣土综合利用的路线如图 5-1 所示。

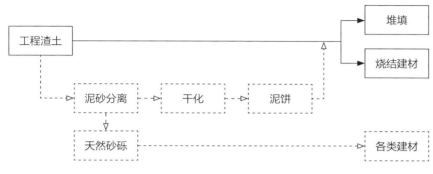

图 5-1 工程渣土综合利用的路线

（资料来源：作者自绘）

5.1.2 工程泥浆处置技术

工程施工过程中产生的工程泥浆是由黏土的微小颗粒在水中分散并与水混合形成的半胶体悬浮液。工程泥浆的组成成分以无机物为主，主要包括水分、黏性土、粉砂等，也可能含有少量的外加剂。工程泥浆的化学成分有 SiO_2、Al_2O_3、Fe_2O_3、CaO、MgO、Na_2O、K_2O 等，含有的 COD、TN、TP 和重金属非常少。

工程泥浆综合利用的路线如图 5-2 所示。工程泥浆需要干化处理，大幅减小工程泥浆的体量。工程泥浆的干化处理首选在施工现场进行。因为工程泥浆含水率高，如果未经干化直接外运，则必须采用专用的灌装车辆或船运，才能防止运输中漏浆，其运输成本高，潜在的环境风险大，在合适的排放距离、排放地点等条件下，也可

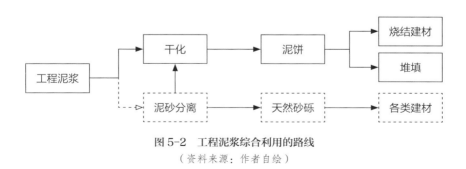

图 5-2 工程泥浆综合利用的路线

（资料来源：作者自绘）

以采用管道运输方式。只有当工程泥浆量少或场地太小等不具备干化处理条件时再考虑直接外运。

干化处理首选机械脱水。在场地面积、环境、安全等条件允许的情况下，可采用自然沉淀的方式进行减量。若场地面积足够大，且泥浆含水率较低，能够进行摊铺，可采用自然晾晒的方式干化。若场地有限，且现场有充足的较干工程渣土，可将其与工程泥浆进行混合干化。沿海地区，浅层多为淤泥、淤泥质土，其颗粒粒径小，级配差，有机质含量高，渗透性能差，比重轻，相对稠度较大等，宜现场机械脱水干化后收集。干化后的泥浆可作资源化利用，如工程用土、建材用土、园林绿化土等，分离出的天然砂砾可用作建材原料。

5.1.3　工程、拆除与装修垃圾处置技术

工程垃圾、拆除垃圾、装修垃圾因其主要成分都是以废混凝土、砖石为主的无机非金属材料，也是目前建筑垃圾资源化利用的主要对象，其资源化利用的途径基本相同，如图 5-3 所示。建筑垃圾资源化包括产生、贮存、运输、处理、再生产品生产与利用等环节，涉及传统的工程施工、运输、建材及新兴的资源化处理等企业。

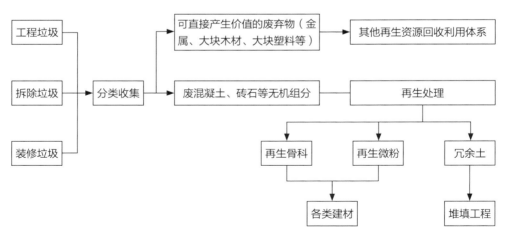

图 5-3　工程垃圾、拆除垃圾、装修垃圾资源化利用的途径

（资料来源：作者自绘）

5.1.4 再生处理工艺

工程垃圾、拆除垃圾、装修垃圾的资源化实质上就是将废混凝土、砖石等无机非金属材料处理成为再生骨料等材料并用于建材生产的过程，其核心是建筑垃圾的再生处理，生产线可包括除土、破碎、筛分（分级）、分选除杂（人工分选、磁选、风选、水选，除去铁、轻物质等）、输送和再生微粉制备系统（粉磨），另外还包括降尘、降噪、废水处理（湿法时）等环保辅助系统。建筑垃圾再生处理要基于原料特点和再生产品的市场需求设计工艺环节，建筑垃圾成分不同、复杂程度不同、再生产品种类不同、出路不同，处理工艺也不同。总体上看可分为固定设施和临时设施，典型工艺流程分别如图 5-4、图 5-5 所示。由于固定设施的场地、水和电等工业条件相对完备，破碎、筛分可以多级，分选可以多种方式、多点联合进行，可以设置完备除尘设施，环境污染小，因此对建筑垃圾的适用性较强，且再生骨料品质总体较好，但相对占地面积大、总投资高、审批时间长、建设周期长，要求垃圾原料能持续供应且再生产品有稳定的市场。临时设施大多采用移动式破碎线，因其设备方便移动，占地面积小，对场地的适应能力好，项目启动快，虽然设备价格高，但总投资成本低、设备利用价值高，可减少运输成本及运输带来的污染，能适应各类再生产品要求。

近年来建筑垃圾处理工艺与设备的发展呈现出以下特点。

（1）一级筛分及人工分选前移。一级筛分设置在一级破碎前，兼具给料、除土和分级功能；同时在一级筛分后设置人工分选平台。一方面将原料中的土和一定粒度以下的粒料提前筛出，使其不再进入后续工艺，提高生产效率；另一方面将进入后续环节的原料摊铺，便于人工分选挑出大块轻质杂物，减少进入后续环节的杂物量，在提高破碎效率的同时，有更高的分选效率。

（2）分选工艺与设备一直在进步。随着天然骨料市场的供给短缺及价格上涨，再生骨料的应用领域不断扩大，推广应用不断深入，骨料品质提升越来越受到重视。基于高品质再生骨料杂物含量的控制要求，分选工艺环节的设置与设备能力一直在不断进步，既要选得干净，又要参数可控。

（3）装修垃圾分选工艺专业化。装修垃圾产生源复杂，既有公建、精装修住宅等大型装修，又有众多商业店面小型装修，还有居民零星装修。因此装修垃圾与工程垃圾、拆除垃圾相比成分更加复杂，不能直接采用以上两类垃圾的处理工艺，必须通过前端专业分选，选出的以混凝土、砖石为主的无机非金属材料再与以上两类垃圾协同处理。

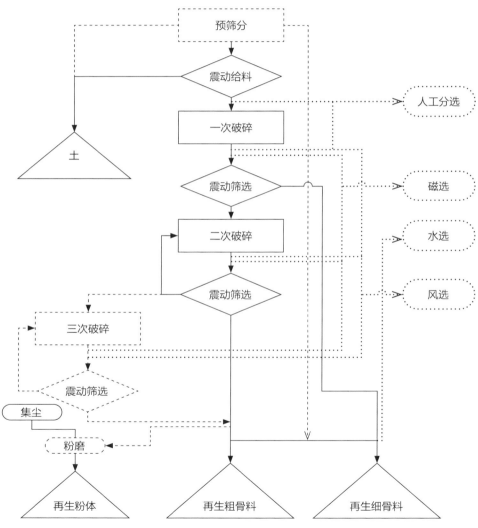

图 5-4 固定设施再生处理工艺流程

（资料来源：作者自绘）

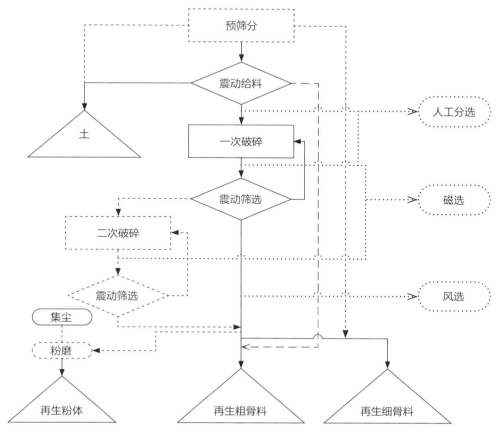

图 5-5　临时设施再生处理工艺流程

（资料来源：作者自绘）

（4）环保措施多样化。厂房封闭、单元封闭、预湿、喷淋、喷雾、洒水等多样化的抑尘、降尘措施，已基本能满足不同生产模式下的粉尘控制需求。

（5）国产固定式核心设备和移动式设备并驾齐驱。移动设备仍以进口为主，成套设备价格较高，国产移动设备正逐步发展成熟。

5.1.5　再生产品及应用领域

再生产品指用部分或全部再生材料为原料生产的建材产品。按建筑垃圾资源化利用过程，再生产品可分为两大类：一是建筑垃圾中的混凝土、砂浆、石或砖瓦等经过处理后，可以再次利用的再生骨料、再生微粉、冗余土等，可称为再生材料；

二是利用再生材料制备的各种建材产品，可称之为资源化利用产品，包括再生骨料混凝土、砂浆及其制品等。其中再生材料也可以直接应用于工程建设。在工程建设用原材料短缺的问题越来越突出，建筑垃圾产生量急剧增长的大背景下，市场给再生材料提供了更大的空间，再生产品类型越来越丰富，应用领域越来越多样。

1. 再生材料

（1）再生骨料，由建筑垃圾中的混凝土、砂浆、石或砖瓦等加工而成，可作为建材产品原材料，具有一定粒径的颗粒。其中，粒径大于 4.75 mm 的，称为再生粗骨料；粒径不大于 4.75 mm 的，称为再生细骨料。再生骨料的应用，其一，可替代普通骨料用于混凝土、砂浆及其各类制品的生产；其二，可替代普通骨料用于路用无机混合料的生产；其三，直接工程应用，其应用领域包括道路垫层、路床、工程回填、海绵城市建设等。

（2）再生微粉，是由建筑垃圾中的混凝土、砂浆、石、砖瓦等加工而成的或伴随再生骨料制备产生的粒径小于 0.075 mm 的颗粒。作为微集料或低活性混合材料用于水泥、混凝土、砂浆及各类制品的生产。在粉煤灰短缺的部分地区，再生微粉已有量化的生产与应用。

（3）冗余土，是指建筑垃圾再生处理过程中，经除土系统处理后，分选出的小于规定粒径的粒料，主要用于工程回填或堆山造景。其中绿化回填用的冗余土较普通回填用的冗余土，其有机质含量可以有更宽松的要求。随着城镇化建设的推进，近年来拆除越来越向城市外围甚至农村扩展，拆除垃圾中细颗粒甚至土的比例占比很大，经过除土工艺产生的筛下料即冗余土越来越多，其出路已成为影响建筑资源化率的重要问题。将其作为工程回填或堆山造景用原料是有效的利用途径。

2. 资源化利用产品

（1）再生骨料混凝土是指掺用再生骨料配制的混凝土。再生骨料混凝土的研究与应用已开展多年。近年来，随着天然砂石的价格飞涨，废混凝土再生骨料在混凝土中的应用已经普遍推广，应用混凝土的等级和结构类型也在不断扩展，中低强度混凝土的应用技术趋于成熟，用于承重结构的工程并不少见。

（2）再生骨料砂浆是指掺用再生骨料配制的砂浆。目前含有一定比例微粉的再生细骨料制备普通砂浆技术也趋于成熟，在多地都有生产与应用实践。

（3）再生骨料制品可分为再生骨料砌筑材料和再生骨料铺装材料两大类，前者是掺用再生骨料，经搅拌、成型、养护等工艺过程制成，用于墙体砌筑的制品类材料；后者则是掺用再生骨料，经一定工艺过程制成，用于铺装的制品类及透水混凝土材料。砌筑用制品覆盖了砖、砌块、板材墙材体系中不同规格尺寸的产品，也有实心、多孔与空心等不同的孔洞率之分。铺装用制品主要有路面砖、透水砖、植草砖和路缘石等。在建筑工程、市政与道路工程、园林工程、水利工程及地下管廊等领域的应用越来越多。

（4）再生无机混合料。再生无机混合料的研究与应用已开展多年。废混凝土再生骨料应用于无机混合料生产已为社会所普遍接受。由于砖类骨料质软，抗变形能力较差，因此在现行的设计体系下，砖类再生骨料在较高等级的道路基层中应用仍然困难。

（5）其他。此外还有再生回填材料，即直接用于回填的再生材料，或以再生材料为原料配制的流态回填材料。再生骨料渗蓄材料，以再生骨料为主要原料制备，用于雨水公园花园、人行道、绿地等海绵设施建设中，主要用作雨水渗透与收集的材料。再生骨料净水材料，以再生骨料为主要原料制备，用于人工湿地、污水处理、河道净化等工程中，能去除水中污染物，对水质进行净化处理的材料。

总的来看，结合再生材料特点和工程建设的发展方向，开发适用的、多元化的产品，是建筑垃圾资源化的主要方向。目前适用于透水铺装、园林绿化等方面的再生产品的研发与应用较多。

5.2 工程垃圾、拆除垃圾和装修垃圾的资源化路径

5.2.1 砖瓦混凝土类

由于混凝土与砖瓦、轻质墙体材料等本身存在差异，对其进行源头分类是实现高效利用的最有效途径。但实际中，即使在建筑垃圾产生源头对建筑垃圾进行分类，也不可避免建筑垃圾有混合体的现象发生，尤其是拆除砖混结构的建筑物会产生混凝土和砖块，这种情况下两种垃圾被混合运至资源化厂的情况很普遍。因此近年来对混凝土与其他无机非金属类垃圾分离技术的研究较多，包括利用重力浓缩、颜色、X射线、近红外和光谱参数的自动分离和分选等技术，在实践中，有众多生产线设置了该分离分选工艺，但能连续量化生产处理的少之又少，因此在实际中砖瓦混凝土混合处理仍是常态。

1. 废混凝土

废混凝土来源于建筑物拆除、路面拆除、混凝土生产、工程施工及其他可能产生废混凝土的状况。混凝土的结构组成中，70%以上为其生产中所用的天然砂石，其余是以水泥为代表的胶凝材料水化硬化体。近年来，全国混凝土的使用量持续超过20亿立方米，与此同时，全国的工程建设年消耗砂石量约200亿吨。废混凝土的资源化利用是可持续发展的必然选择。废混凝土的资源化利用主要包括以下几种。

（1）再生骨料。将废混凝土处理成为再生骨料，用于预拌混凝土、砂浆及建筑、道路用的各种构件、制品等的生产；用于道路结构用的水泥、石灰粉煤灰稳定材料。其中再生粗骨料，因其最接近于天然骨料，可广泛应用于各类混凝土及其制品中。

混凝土的强度会影响再生混凝土骨料的品质，所以在制备再生骨料时，若能根据废弃混凝土的强度不同，选择制备不同强度的再生骨料，则有利于高效利用。如在新施工中，对于桩基破除或者混凝土支撑破除产生的混凝土，可以根据现有的施工图纸，获得关于混凝土强度的信息，凿除构件后可以选择现场破碎，将混凝土和钢筋分离，产生的混凝土还可以进行不同粒径破碎以制备再生骨料；在拆除工程中，若保留建筑施工图纸，可以查到不同部位的混凝土强度，拆除时尽量按不同强度拆除混凝土。

（2）直接利用。大体积废混凝土无须破碎成为再生骨料，而是经过切割、打磨等工艺处理后即可直接用作广场砖、路缘石、路障等。

（3）其他处理途径。可以用于景观工程或装饰品，还可以用于地基加固工程，产生量少时，可以与渣土一同进行填埋。

2. 废砖瓦

主要指烧结类的砖瓦废料，其资源化利用主要包括以下几种。

（1）轻质混凝土。轻质混凝土材料中用到的粉末超过 20%，粉末主要起填充作用，可提高混凝土的和易性及密实度，进而提高混凝土的强度。黏土烧结砖瓦的强度小，非常容易破碎，产生细粉，且大部分是粒径小于 0.15 mm 的集料，可以代替粉末用于轻质混凝土中。

（2）路用材料。包括路面结构用的水泥、石灰粉煤灰稳定层，以及路基、路肩、垫层等所用原材料。砖瓦容易破碎，在水泥稳定材料中能充分发挥细料填充作用，且可能具有长期的活性作用，利于生产及应用。

（3）吸附材料。废砖块的表面粗糙，具有较大的比表面积和内部孔隙，且砖块的表面孔径相对较大，可以增加污染物的吸附位点和面积。研究发现，砖块能满足雨水渗滤系统的要求，将砖块用于水体中吸附污染物质如磷，可得到较好的效果。直接将废弃砖块投入污染水体中也可以起到去除污染物的作用，用该方法在节约成本的同时也可解决废弃砖块的资源化问题。

3. 其他

可以作为空心砖、环保砖等功能砖的原料，考虑到经济条件和成本的影响因素，也可以选择回填处置。

5.2.2 金属类

1. 钢铁废料

我国废旧金属行业发展已有几十年，且发展非常迅速，对废旧金属的处置方式相对成熟，但是处置工艺设备较为落后。废旧金属，主要是在拆除工程中产生，一些金属构件或其他成品在日常使用过程中由于磨损老化、挤压、冲击、碰撞等使材料的理化性质发生改变，丧失或减弱原有物理特性的金属制品。废旧金属一般无法直接使用，若金属为混合状态，将这些金属按照金属原料进行分类，合金与单一成分金属必须分开。将金属分类后重新进行煅烧，制成新的符合要求的金属制品，提高金属的利用价值。对被解构的部分验证其尺寸性质，测试强度性能，然后对该部分进行喷砂处理以除去所有涂层，重新制成符合新项目要求的部件。

在新建建筑施工中产生的金属，如钢筋、金属管道边角料等，在经过现场分类收集后，直接由当地金属回收商进行回收，对施工单位来讲，不仅解决了现场场地紧张问题，而且节省了财力物力。或者在经过现场简单处理后直接应用于其他阶段，这种方式的限制条件比较多，金属材料不能被其他材料（尤其是涂料、油漆等含有害成分的材料）污染等。在装饰设计和过渡空间陈列品设计中利用废旧金属构件和废旧金属材料，使将废旧金属构件运用在室内装饰设计中成为废旧金属构件回收中一个很好的利用方向，在视觉和实用功能上都达到了良好的效果。

2. 其他有色金属废料

可回收的有色金属废料包括废铜、废铝、废锡、废镁、废锌、废铅及它们的合金。但是在建筑施工中常见的是铜、铝及合金。建筑垃圾中的有色金属来自电力电缆和管道的边角、水暖铜管切割边角料。有色金属价值很高，承包商可以在施工现场粉碎金属废料，缩小金属体积，一方面可以减小占地空间，另一方面可以使金属废料更适于销售，因为回收商更愿意回收经过简单处理的废料。

5.2.3　其他

1. 木材及纸壳包装等轻物质资源化

（1）大体积/面积木质材料的重新利用。从建筑物上拆除的废木材和施工过程中产生的废木材，经过修补、清理、刷洗、整理等工序能够被重新再利用。大体积/面积的模板、房梁、墙板等，可以根据需求支撑建筑构件，但有一些板材在使用过程中破损，需要降级使用。胶合板及立体木材的边角废料，其88%的木材可以通过各种各样的市场回收。还可以利用废弃木料制作实木复合地板的面层。

（2）作燃料进行能量循环。切割下来的边角料、修剪下来的部分和地板碎片，可以被重复使用来制造新产品，或者被集中在一个容器中，销售给废旧木材经销商作为覆盖物。经过分选后，无用的木材、木屑及纸壳包装材料等轻物质可以直接作为燃料。

（3）制作刨花板。刨花板有良好的吸音和隔音性能，能绝热、吸声，生产过程中用胶量较小，环保系数相对较高。刨花板在建材中可以用作模板芯材。可以利用木材废料制造刨花板，其生产工艺流程如图 5-6 所示。德国用一类和二类（清洁的废弃木材和受污染程度轻的木材）材料制造再生刨花板，并且有专门收集这些木材并进行分类的木材收集厂。

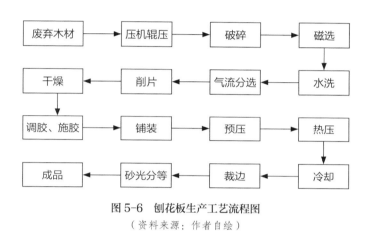

图 5-6　刨花板生产工艺流程图

（资料来源：作者自绘）

（4）木塑复合材料。将塑料和木质粉料按一定比例混合后经热挤压成型的板材，称为挤压木塑复合板材。这种材料是新兴的复合材料，主要用于建材、家具、物流包装等行业。将废弃木材、磨碎的木屑、废纸与废旧塑料先由平行双螺杆挤出机初步造粒，再经过锥形螺杆挤出成型等工艺，可生产出各种木塑复合材料产品。

（5）其他。还可以堆肥，用作覆盖物（园艺和改良土壤的覆盖物）、动物垫料（高质量和标准），以及制浆造纸、做饲料。

2. 沥青资源化

我国从 20 世纪 50 年代开始发展废旧沥青利用技术，但是由于技术和设备条件限制，出于废物利用考虑，将其应用于筑路，主要包括人行道垫层、轻交通道路。我国从 20 世纪 80 年代开始研究沥青混合料再生技术，目前废旧沥青的再生技术已经相对成熟，如图 5-7 所示，主要的再生技术包括厂热拌再生、厂冷拌再生、原地热拌再生和原地冷拌再生。再生沥青基本应用于路面养护或直接修筑沥青路面。

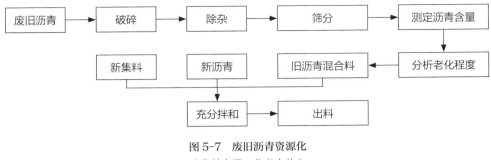

图 5-7　废旧沥青资源化

（资料来源：作者自绘）

3. 其他有机垃圾资源化

布线和管道：铜布线具有较高的转售价值，大多数电气分包商提前在营销废料时销毁了这些产品，也可能不会考虑这种产品的最终销售。防水材料在实际过程中产生量极小，可以作为燃料进行焚烧。废弃腻子可以用来制备羟基磷灰石。废弃塑料可制备抗菌母粒、新型改性塑料、活性炭及 PVC 手套等。

5.3 工程渣土和工程泥浆的资源化路径

5.3.1 工程渣土

在建筑施工工程所产生的建筑垃圾中，工程渣土最为普遍且体量巨大。工程渣土传统的处置方式是运输到填埋场进行填埋，这种处置方式不仅占用大量的土地，还存在较大的安全隐患。因此，工程渣土资源化利用效率的提升有明显的环境效益、经济效益及社会效益。目前，工程渣土的处置主要有以下方式。

1. 作为水泥生料烧制水泥

以硅酸盐水泥为例分析，工程渣土可以作为水泥生料烧制水泥。首先根据矿物组成分析工程渣土的物相，判断渣土的矿物成分具体适合做硅酸盐水泥、铝酸盐水泥和硫酸盐水泥三种水泥中的哪一种，再根据化学组成和公式计算三率值。三率值表示硅酸盐水泥熟料中化学成分和矿物成分的关系。根据水泥熟料三率值的取值范围进行取值，利用三率值计算所需要的化学成分组成及对应工程渣土配比。

若将工程渣土作为水泥生料，应该考虑它作为水泥生料的易烧性，即熟料煅烧的难易程度。生料的易烧性越好，煅烧的温度越低。选取易烧性指数 BF1、BF2，其中根据以上步骤获得工程渣土在水泥生料中加入的比例，再添加其他成分的材料，烧制水泥，烧制水泥后测定化学成分和矿物成分，硅酸盐水泥熟料含量需要满足表 5-1 所示的取值范围。同样，烧制其他两类水泥时，也有相应的熟料化学成分及范围。

2. 作为道路路基填料

我国已有研究将渣土用作道路路基填料，与其他砾石相比渣土具有较高的吸水性，在工程渣土的二级分类中，不同组成的渣土，其吸水能力及硬化能力不同，将渣土用于道路路基时，要根据施工中不同的需要，选择不同的工程渣土，施工时可

表 5-1 硅酸盐水泥熟料化学成分及范围

成分	SiO_2	Al_2O_3	Fe_2O_3	CaO
质量分数 /（%）	21～23	21～23	5～7	64～68

资料来源：作者自绘。

以添加其他的填充物（如水泥、石灰以及细砂等）增强渣土的性能。有研究将工程渣土用于软土地基加固，经过实验应用发现这种处理方式是可行的，加固后的地基承载能力，满足低层楼房的需求，工艺造价低、施工简单且效果好，但是现阶段低层楼房在大城市的建设量较少，所以将工程渣土用于软土地基加固工程时存在地区限制。需要加强对渣土应用的研究，将其应用至更广泛的范围。

3. 制备环保墙体材料

目前国内已用渣土成功制备了实心砖、路面砖、种植砌块、护坡砌块、海绵城市蓄水砖等多种渣土资源化产品。利用工程渣土还可以制备功能砖，包括隔音砖、保温砖等，生产工艺流程如图 5-8 所示。有研究学者也以城市地铁渣土作为空心砖生产的原材料，取得了突破性进展。另外以渣土为主要原料，可辅以煤矸石等工业废料，利用清洁能源制备烧结砖、墙板。近年来在福建、广西、广东、深圳等多个地区积极开展相关技术工程化应用。

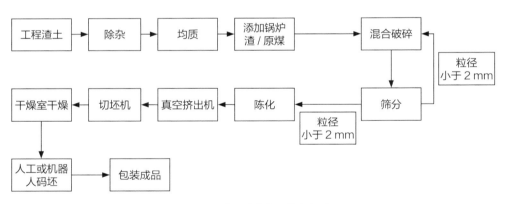

图 5-8　功能砖生产工艺流程图

（资料来源：作者自绘）

4. 制备陶粒

陶粒是有保温、隔热及耐久性能高等优点的轻集料，有很强的吸附截污能力，是一种高附加值再生产品，被广泛应用于建材、园艺、耐火保温材料、化工等部门。陶粒主要用于配制轻质保温的混凝土和墙体制品。渣土有土体颗粒大、比表面积小及透水性好等优点，经过分析，渣土符合制备陶粒的化学成分需求，渣土中掺加粉煤灰等改性材料，可制成符合规范要求的渣土陶粒，生产工艺流程如图 5-9 所示。

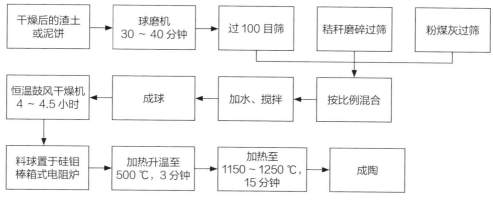

图 5-9 轻质陶粒生产工艺流程图

（资料来源：作者自绘）

5.渣土洗砂

我国许多地区的土壤属于沙质土壤，在靠近河流和海域的施工地区，开挖渣土的含砂率可能很高，含砂率高则需要进行泥砂分离。深圳、广州、厦门、福州、长沙等多地有渣土处理场，采用洗砂工艺，将砂按照不同粒径分离出来后直接售卖。

6.作为植被生长基质

我国在边坡生态修复方面，利用客土喷播机将土壤与有机质及种子配备之后，喷播在边坡上，形成的土壤与自然种植土成分相似，甚至更适合植物生长。工程渣土中有一部分属于表层土壤，这部分土壤中含有一些有机质，适合作为植被生长基质，用于边坡生态修复工程，或作为园林景观中的表层土，种植植被绿化景观。

7.经过改良用于堆山造景

堆山造景是利用施工中产生的工程渣土进行人造山的建设活动。其余部分渣土，可以作为堆山造景的原料，建造成的园林景观，不仅可以美化城市、提高工程渣土利用效率，更可以缓解城市热岛效应，提升城市生活质量。

8.回填利用

建筑施工结束后，往往需要对施工场地进行覆土回填。覆土回填的方式主要分为就地回填和异地回填。就地回填是指在施工现场，通过时间调配，错开不同结构的施工时间，从而实现工程渣土现场回填，具有成本低、运输方便等优点，但工程渣土占用施工区域或临时堆放时存在一定的环境风险。异地回填是指施工单位通过利用其他施工工地或填埋场中的工程渣土进行覆土回填。该方法具有环境风险低且节省施工区域等优点，但其运输成本高，存在建筑垃圾信息交流鸿沟，不适用于工程渣土异地调配的实现。

9. 填埋处置

考虑到经济成本和处置效果，对于无法资源化利用的渣土，可以选择指定填埋场进行填埋，但是填埋场的选址及建设要求必须符合国家标准。

5.3.2 工程泥浆

目前对工程泥浆处置方法的研发主要集中于现场处置技术，运往处置厂的工程泥浆一般是含水量很小的部分，该部分的处理方式与工程渣土相似。工程泥浆的处理方式主要有以下几种。

1. 现场循环利用

施工现场的泥浆需要大量的水进行调配。施工承包商为了减少水的消耗，一般会在施工现场设置临时泥浆沉淀池，经一段时间自然沉淀后，在泥浆池的上层液中加入添加剂进行调制后，重新注入施工单元进行循环利用。为了加快泥水分离，施工人员加入一定剂量的絮凝剂，促使水中悬浮的杂物快速絮凝和沉淀。沉淀层属于泥砂混合物，含砂量大的可以进行泥砂分离，分成不同的粒径，然后直接进行出售，剩余泥水部分选择压滤制成泥饼，泥饼的处置方式与渣土相同。

2. 固化后用于工程填方

当泥浆性质不能满足循环利用或施工结束时，废弃泥浆需要进行适当的处理。对泥浆进行脱水固化处理，泥浆固化一般选择机械法和化学剂法（絮凝剂、水泥等）结合的方式。机械法利用压缩设备对废弃泥浆进行压缩和脱水处理，该法简单、迅速，但成本较高。加入适量的絮凝剂成本低、简单易行，但不适用于高密度泥浆处理；加入水泥可将废弃泥浆变为具有一定强度的固体，但这种方法成本高。固化后的泥浆直接或进一步处理后即可回用于工程填方等。

3. 回用于油田钻井液制备

已有工程运用工程泥浆配制油田钻井的钻井液，油田钻井液与工程泥浆配制的方式基本相同，是以水为介质，加入膨润土及其他化学处理剂制备的悬浮混合体系。

大港油田在制备混合体系时，在确保钻探泥浆符合要求的情况下，就使用泥浆配制。这在节约材料的同时，也解决了工程泥浆处置问题。

4. 深海排放

工程泥浆在体系组成上与城市污泥相似，将工程泥浆排入深海与污水深海排放类似，可以作为处置方式进行探索。海洋具备极大的掺混和输移能力，在短时间内能对排入的工程泥浆进行物理扩散，但是这种处理方式的前提是工程泥浆中不存在对环境造成污染的化学成分，若存在，必须先对污染物进行处理。另外需要满足的条件是，必须是沿海城市，否则将工程泥浆运输至沿海，会大大增加处置成本。

建筑垃圾处理设施布局

6.1　各级规划中的设施布局要求

目前大多数的城市规划对建筑垃圾的管理和设施建设相关内容仅停留在浅层次的概念要求，不能做到因地制宜地为资源化设施选址定点，建筑垃圾的源头减量化措施也不具体，不符合城市发展需要，落地性差，不能作为城市建筑垃圾源头减量化及资源化的设施建设与管理的指导文件。因此，各城市应编制城市建筑垃圾治理专项规划，并把建筑垃圾治理专项规划纳入城市规划体系中。但由于建筑垃圾围城的危害的发生具有滞后性，许多城市并未真正重视建筑垃圾治理专项规划。全国大部分城市的建筑垃圾专项规划未编制或编制成果未能落地实施，没有科学高效的城市专项规划引领，建筑垃圾源头减量化及资源化的目标难以达成。

6.1.1　总体规划阶段

城市总体规划在城市发展建设的过程中起到统领性作用，作为总纲统领着中观和微观层面的各级规划，关注城市的土地利用及功能安排。现代化城市环境设施与城市性质、发展方向、城市化发展阶段有密切的关系，要达到建筑垃圾源头减量化目的，首先应该把建筑垃圾专项规划纳入城市总体规划中。建筑垃圾源头减量化在城市规划宏观层面的连接点在于城市总体规划中的相关规划内容，但目前城市总体规划中没有对建筑垃圾的源头减量化提出要求。

建筑垃圾源头减量化在宏观层面的重点是在规划文本中规定建筑垃圾源头减量化指标和建筑垃圾资源化利用率的指标下限，把建筑垃圾的源头减量内容纳入城市总体规划的法定管理中，在规划中合理确定建筑垃圾填埋及资源化处置的近期建设目标和远期建设目标。

在总体规划中，应提出建筑垃圾源头减量化与资源化的要求，根据城市具体情况，确定近、远期城市建成区建筑垃圾源头减量化建设指标。总体规划应为城市建筑垃圾专项规划提供相应支持，规划国土部门应将建筑垃圾专项规划中的总体建设要求纳入城市发展中长期规划，制定消纳场和综合利用设施专项用地政策并优先保障项目用地，对消纳场建设项目选址、用地规划和工程规划申请进行审批，优化建设项目规划设计，促进建筑垃圾源头减量排放。

6.1.2 详细规划阶段

详细规划是规划实施控制体系中的核心部分，起到承上启下的作用，重点在于城市土地的使用控制，有效衔接城市规划的设计与管理及土地开发，城市规划的管理主要根据城市详细规划的内容。在建筑垃圾源头减量方面，详细规划对城市总体规划中的建筑垃圾源头减量化及资源化的总体规划目标和控制指标进行细化和分解，并与其控制指标有机结合。在详细规划的强制性控制指标体系中，应根据不同用地性质，增加各地块建筑垃圾资源化率等管控指标，实现城市规划总体目标的空间实施。

1. 细化指标

细化和分解城市总体规划中关于建筑垃圾源头减量化的要求，优先采用"就地消纳，源头减量"策略，减少建筑垃圾的产生，提高建筑垃圾资源化再生产品的利用率，根据各地的实际管理需求，将建筑垃圾源头减量化率、建筑垃圾资源化率、建筑垃圾分类回收率等指标纳入详细规划控制指标体系中。

2. 地块基础条件分析

在修建性详细规划的调研中，要仔细研究场地的土质、现有建设情况、计划拆迁量和建设量，进行详细分析，估算场地内建筑垃圾的产生量，编制规划场地内建筑垃圾减排与处理方案，报至建设行政主管部门备案，并对规划内容提出反馈意见，合理指导建筑垃圾的源头减量化和资源化再利用。在项目前期纳入土方管理的理念，设计单位应结合项目区现状特点通过控制竖向高程对项目区土方进行合理规划，尽量做到土方不外运。

3. 绿色建筑设计引导

大约有三分之一的建筑垃圾源于建筑设计的不合理，建筑设计方案中对建筑垃圾源头减量化和资源化的考虑直接影响未来建筑垃圾减量化水平。为避免建筑垃圾危害环境、侵占土地，在建筑设计中需要引入绿色设计理念，以实现建筑垃圾的源头减量。绿色建筑设计关注建筑物的全生命周期，以实现回收性、装配性、易维护性、建材的循环利用性能等为设计原则，在保障建筑物正常使用的前提下，降低建筑物建造和使用过程中的环境影响，延长建筑物使用年限，减少建筑维护预算。在修建性详细规划设计的过程中应从建筑全生命周期角度考虑，优先考虑工程区域内挖填土石方平衡，进行绿色建筑设计策略引导，推行建筑垃圾回收利用，有效减少建筑垃圾排放总量。搞好绿色建筑的推广，对于改善人居环境，保护生态环境，实现建筑垃圾的源头减量化具有重要的意义。

国家大力支持绿色建筑的推广力度，现行的《绿色建筑评价标准》（GB/T 50378—2019）评分项中有 3 项涉及使用再生建筑垃圾资源化产品（表 6-1），但其权重在节材与材料资源利用中比较小，对建筑垃圾再生产品及循环建材的使用比例过低，这对于建筑工程的绿色建筑评价定级结果的影响力不够，也就难以激发建筑设计师和建筑施工单位在建筑设计及施工中使用建筑垃圾资源化建材的热情和需求。各地可根据本地管理实际，在执行绿色建筑评价相关标准和管理办法中，提高与建筑垃圾资源化产品相关的评价指标，如建筑中使用装配式建筑材料的比例、拆除过程中建筑垃圾的就地回用比例、拆除建筑垃圾中就地资源化比例等。

表 6-1　建筑垃圾资源化利用评价指标

评分项	可再循环材料和可再利用材料用量比例中，住宅建筑达到 6% 或公共建筑达到 10%，得 3 分；住宅建筑达到 10% 或公共建筑达到 15%，得 6 分
	采用一种利废建材，其占同类建材的用量比例不低于 50%，得 3 分
	选用两种及以上的利废建材，每一种占同类建材的用量比例均不低于 60%，得 6 分
加分项	合理选用废场地进行建设，或充分利用尚可使用的旧建筑

资料来源：《绿色建筑评价标准》(GB/T 50378—2019)。

4. 绿地规划设计引导

尽量保证建筑垃圾原地综合利用，结合"留白增绿"工作，园林部门、规划国土部门提早介入设计，因势利导。部分拆除现场的建筑垃圾可经简单处理后直接回用至后期现场景观绿化工程。

在修建性详细规划中，应结合实际进行科学合理布局，从节能环保角度出发，综合利用建筑垃圾"堆山造景"。如山地景观设计可利用建筑垃圾中可利用的砌块砖、渣土等，覆土厚度不得低于 1 米，在保证植物生长不受影响的前提下进行资源利用。例如天津大港的堆山公园，占地 40 公顷，在公园的微地形设计中，使用了建筑垃圾堆山的创新方法，消纳了 500 万吨建筑垃圾。

此外，绿地设计中也可以结合实际，使用各类建筑垃圾，如在雨水花园中可使用碎砖石、块状混凝土，进行雨水吸收。局部小景观营造可在保持建筑垃圾原有形态或加以整合的基础上，用攀缘植物进行覆盖。除此之外，可利用建筑垃圾中整块的砖石、块状混凝土进行步行道、停车场与广场路面铺装或者管理用房堆砌。

建筑垃圾减量化可结合海绵城市建设，在公园绿地中的透水路面、透水步道、透水停车场等设施中均可使用建筑垃圾再生透水砖。

6.1.3　专项规划阶段

应从观念上重视建筑垃圾治理专项规划，选择专业技术团队编制符合规划区发展建设实际的建筑垃圾治理专项规划，根据规划区内建筑垃圾的产生量和特征，综合考量建筑垃圾的运输距离、建筑垃圾消纳场和资源化处置设施的选址条件、服务年限等内容，建成涵盖建筑垃圾分类、清运、转运、资源化处置及末端填埋设施的建筑垃圾治理体系，以满足城市不断发展的对建筑垃圾的减量需求。

城市建筑垃圾治理专项规划是以城市总体规划为指导的城市发展专项规划。编制建筑垃圾治理专项规划可以对城市建筑垃圾的源头削减、过程减量、末端资源化进行长远规划，对建筑垃圾资源化处理场地及填埋场地的选址、工程量及资金预算进行科学估计，帮助建立城市建筑垃圾管理体系，对于指导城市建筑垃圾减量排放有重大作用。

6.2　设施规划布局原则

6.2.1　前瞻性原则

建筑垃圾处理设施布局必须具备前瞻性，一方面科学制定长远的战略目标和中长期规划，形成合理的梯度分布，构成远、中、近结合的发展规划和计划体系；另一方面理论上应符合城市发展的方向。建筑垃圾处理设施的布局要在一定程度上引导本地区建筑垃圾治理未来的发展方向。

6.2.2　科学性原则

1. 思想科学性

用科学发展的眼光，尊重城市发展规律，用科学的方法预测建筑垃圾产生量，分析建筑垃圾处置规模，合理确定建筑垃圾治理的发展方向、目标及设施规模和布局，综合考虑相关影响因素，统筹安排各项工作，优化建筑垃圾处置模式，努力实现建筑垃圾源头减量。

2. 管理方式科学化

必须将建筑垃圾治理工作与城市规划体系相衔接，通过管理手段落实建筑垃圾处理设施布局规划，提出科学合理的城市规划应对策略。

6.2.3　协调性原则

1. 区域统筹原则

与国土空间规划、环境卫生专项规划、垃圾处理专项规划等相协调，新建项目应与现有的建筑垃圾收运及处理系统相协调，改、扩建工程应充分利用原有设施。

2. 分配公平原则

根据建筑垃圾产生量与区域建设和经济发展需求，采用固定和临时相结合的方式，公平合理布局。

6.2.4 环保性原则

（1）建筑垃圾处置设施在规划中避开城市生态涵养区、水源保护地等生态空间。

（2）建筑垃圾处置设施周围应该设置防护绿地，应满足环保要求。

6.2.5 刚性与弹性相结合原则

（1）设施用地指标：一方面在国土空间规划中预留建筑垃圾处理设施用地，并且根据城市更新需要和拆除计划，统筹已有建筑垃圾处置用地，或将未招拍挂的储备用地划拨为临时处置用地。

（2）不同处理模式：把固定建筑垃圾处理设施与临时处理设施相结合。同时为更高效便捷地处理建筑垃圾，可以在建筑垃圾拆除场地布置临时建筑垃圾分类、破碎设施等，便于与城市固定设施协同作业。

6.3 转运站布局

6.3.1 转运站体系

建筑垃圾转运系统的功能是将建筑垃圾分类并临时集中堆放在特定场所，根据需要向外运输。理想的建筑垃圾转运系统的布置要在保证覆盖设定的回收区域基础上，考虑当前与未来规划的建筑分布状况，兼顾建筑群和转运站系统均匀分布，满足大规模建筑垃圾回收的同时为小规模的散户居民处理建筑垃圾提供便利，并承担回收的功能，根据终端处理利用的要求分类存放、运输和调度。

构建"区域、城市、区、街道、社区"五级管控体系，自上而下对建筑垃圾转运进行管控。在区域层面，国土空间规划应在黄线内统筹考虑建筑垃圾转运设施的用地，并根据建筑垃圾产生、转运、处理特性，优化选址，并满足环保要求。在城市层面，提出建筑垃圾治理的总体思路，完善城市建筑垃圾相关法律法规、管理条例、政策标准等，通过区域统筹分析，基于城乡一体化原则规划市级建筑垃圾转运站的布局。在区级层面，落实市级层面相关管理措施的同时，根据各区的实际情况，制定相应的区级建筑垃圾管理措施细则，以及区级建筑垃圾转运站的布局计划。在街道层面，提出对建筑垃圾具体的管控措施，各街道须设置建筑垃圾分类收集点，通过宣传教育鼓励居民进行垃圾分类，将分类垃圾投放到相应暂存点，再由专业运输企业运送至指定的专业处置场，专业处置场进一步进行资源化利用或无害化处置。在社区层面，设置临时建筑垃圾贮存点，主要是装修垃圾的转运站点，增加土工布等遮盖或其他封闭措施，避免扬尘污染小区环境。

1. 建筑垃圾转运站的选址标准

建筑垃圾转运站的选址，一方面要考虑其作用和功能是否满足区域内垃圾处理需求；另一方面，要考虑其建设是否会对周边环境造成负面影响。应采用最优的设计，降低建筑垃圾转运站的建设成本。转运站选址标准如下。

（1）对于全年无休的建筑垃圾转运站，应选择具有良好供电、供水、污水排放、通信条件的地段，便于建筑垃圾转运系统的有效运转。

（2）为了减少建筑垃圾转运的距离成本，转运站应设置在交通便利、易安排清运线路的地段，保证选址在建筑垃圾产量最多的区域，为建筑垃圾运输车辆对附近收集点的建筑垃圾转运提供便利。

（3）转运站不宜设在大型商场、影剧院出入口等繁华地段，也不宜邻近学校、商场、餐饮店等群众日常生活聚集场所和其他人流密集区域。

（4）注重环保理念，避免将转运站设在居住小区附近，宜选择市政区域或工业厂区内，减少建筑垃圾转运站可能产生的噪声、扬尘等对周围居民生活的影响。

2. 建筑垃圾转运站建设原则

（1）与城市发展规划衔接。建筑垃圾转运站的建设规模要符合城市发展和交通运输的要求，通过对周边建筑垃圾产生量和生产规律的调研，合理设计建筑垃圾转运站，以提高建筑垃圾收运效率。

（2）全面建设的原则。一方面，在建筑垃圾转运站的建设过程中应采取有效方式，以降低对周围居民生活的影响，如结合交通拥堵状况设计建筑垃圾运输车的路线，合理安排其运输频率。另一方面，应考虑建筑垃圾转运站所处区域的地形地貌特征，对其结构进行合理设计，保证其安全性并减少对环境的不良影响。

（3）外观和谐的原则。建筑垃圾转运站的建设需要结合周围环境和建筑物特征，考虑转运站可能的观感不佳问题，进行合理设计。如通过绿化设计，隔离建筑垃圾转运站的噪声污染，以减少对周围环境的影响。

6.3.2　固定场站

为降低建筑垃圾收运的经济成本，建筑垃圾转运固定场站宜分区配置，其服务半径宜控制在 20 ～ 30 千米范围内。其用地规模如表 6-2 所示。

在区域层面，宜采用区域统筹布局模式，即城市之间不受行政边界限制，通过区域协同共享，布局建筑垃圾固定场站，实现区域设施一体化。区域级建筑垃圾固定场站选址容易、建设成本较低、运营成本低、对环境影响较小，但同时收运成本高、监管难度大、应急能力较弱。

在城市和区级层面，总体上宜采用分区式布局模式，即对城市进行分区，各区域分别设置建筑垃圾转运固定场站，实行分区管理；但在个别区域（首都核心区）

宜选择区域统筹布局模式。城市级和区级建筑垃圾固定场站收运成本较低、便于管理、应急能力较强，但同时选址难度大、建设成本高、占地面积较大。

表6-2　建筑垃圾转运固定场站用地规模表

类型		设计转运量 / (t/d)	用地面积 / m²	与相邻建筑间隔 / m
大型	Ⅰ类	1000 ～ 3000	≤ 20 000	≥ 50
	Ⅱ类	450 ～ 1000	15 000 ～ 20 000	≥ 30
中型	Ⅲ类	150 ～ 450	4000 ～ 15 000	≥ 15
	Ⅳ类	50 ～ 150	1000 ～ 4000	≥ 10
小型	Ⅴ类	≤ 50	≤ 1000	≥ 8

资料来源：《绿色建筑评价标准》(GB/T 50378—2019)。

6.3.3　临时场地

转运站用地类型包括固定用地和临时用地两类，临时用地的建筑垃圾转运站没有办理齐全规划国土相关手续，建设用地未列入城市土地利用规划，在城市建设过程中，其用地没有法律和规划保障，极易与城市发展产生冲突，在规划设计和建设过程中须关注其服务周期。

6.4 资源化利用设施布局

6.4.1 设施规模

（1）行政辖区内处理模式：在各同级辖区内，建立只服务于该区的建筑垃圾资源化利用设施，实行区级管理。此模式有利于建筑垃圾行政区划管理，降低建筑垃圾收运成本，但同时会增大资源化设施选址难度，对大多数城市而言不易形成规模经济效应。

（2）全市集中处理模式：全市集中建设 1 处及以上建筑垃圾资源化利用设施，市级统筹管理。该处理模式具有便于监管、设施运营成本较低等优点，但建筑垃圾收运成本过高，适用于规模较小、运距适中的城市。

（3）区域统筹处理模式：多个市（县、区）通过多方协议等方式，打破行政区划界限，统筹规划布局建筑垃圾处理设施。此种模式适用于经济发达、土地资源紧张地区和环境敏感地区的市（县、区）。[1]

（4）根据工信部与住房和城乡建设部联合发布的《建筑垃圾资源化利用行业规范条件》（暂行），根据当地建筑垃圾条件及资源化利用方式等因素，综合确定建筑垃圾资源化利用项目的年处置能力，鼓励规模化发展。大型建筑垃圾资源化项目年处置生产能力不低于 100 万吨，中型不低于 50 万吨，小型不低于 25 万吨。其中大型建筑垃圾资源化利用设施具有显著的规模经济效应，应根据当地建筑垃圾年产生量合理计算建设规模，不应过高估算设施建设规模。

（5）建筑垃圾资源化利用设施的建设规模应依据城市总体规划中对各区指定年限的常住人口数量及建设用地的规模进行控制，结合城市近几年拆除垃圾的产生量分布情况、未来拆除垃圾的预测量分布情况最终确定。

---

[1] 陈冰，胡洋. 建筑垃圾资源化利用设施布局与建设规模研究 [J]. 环境卫生工程，2020，28（5）：57-60.

6.4.2 选址原则

（1）应符合当地城市总体规划、环境卫生设施专项规划及国家现行有关标准的规定。

（2）应与当地的大气防护、水土资源保护、自然保护及生态平衡要求相一致。

（3）工程地质与水文地质条件应满足设施建设和运行的要求，不应选在发震断层、滑坡泥石流、沼泽、流沙及采矿陷落区等地区。

（4）应交通方便、运距合理，并应综合考虑建筑垃圾处理厂的服务区域、建筑垃圾收集运输能力、产品出路、预留发展等因素。

（5）应有良好的电力、给水和排水条件。

（6）应位于地下水贫乏地区、环境保护目标区域的地下水流向的下游地区，以及夏季主导风向下风向。

（7）厂址不应受洪水、潮水或内涝的威胁。当必须建在该类地区时，应有可靠的防洪、排涝措施，其防洪标准应符合现行国家标准《防洪标准》（GB 50201—2014）的有关规定。

（8）场址应具备良好的交通条件。

（9）应有一定的社会效益、环境效益和经济效益。

6.4.3 与现有生活垃圾处理厂的关系

资源化利用设施是指对建筑垃圾实施资源化处理，生产各类再生建筑材料的场所。城市生活垃圾处理厂是指将生活生产、医疗卫生等产生的垃圾集中进行回收处理，以减少环境污染的特定的场所。在以往的城市环卫管理中，建筑垃圾涵盖在生活垃圾管理体系中，但随着新版固废法的实施，对将建筑垃圾作为单独一项固体废物提出管理要求。在实际城市管理实务中，两类设施所处理的对象侧重不同，前者主要针对建筑垃圾的收集处理，而后者主要针对生活垃圾的回收处理。

6.4.4 规划流程

1. 建筑垃圾产生量预测

建筑垃圾产生量的预测是确定项目建设规模的重要依据，对整个工程设计的工艺选择、总体布局、工程投资等方面起着决定性的作用。具体可参考第4章内容。

2. 再生产品方案与市场分析

再生建筑材料的种类众多，目前常用的再生产品有再生混凝土砌块、无机道路材料、预拌砂浆、干混砂浆、再生沥青等。项目再生产品方案的选择需要结合项目所在地建筑材料市场的分析，优先使用产品附加值大、经济价值高、市场更好的产品，这有利于项目产生经济收益，维持项目的正常运行。

3. 厂址与规模选择

厂址选择需要考虑的因素包括：地质水文条件、交通条件、地理位置、基础设施条件、城市相关规划、社会稳定性等。再考虑项目功能、投资等条件，选择更为适合的项目厂址。一个好的项目厂址可以为后续项目设计、建设、施工和运营提供方便，间接对再生产品的价格和市场竞争力等都有影响。规划建设两处以上的固定式资源化利用设施的所在区要注重区域协调。

建筑垃圾资源化利用设施选址应按下列顺序进行。

（1）厂（场）址预选。在全面调查与分析的基础上，初定3个或3个以上候选厂（场）址，然后通过对候选厂（场）址进行踏勘，对场地的地形、地貌、植被、地质、水文、气象、供电、给排水、交通运输及场址周围人群居住情况等进行对比分析，推荐2个或2个以上预选厂（场）址。

（2）厂（场）址确定。对预选厂（场）址方案进行技术、经济、社会及环境比较，推荐一个拟定厂（场）址。对拟定厂（场）址进行地形测量、初步勘察和初步工艺方案设计，完成选址报告或可行性研究报告，通过审查确定厂（场）址。

4. 工艺比选及确定

建筑垃圾处理工艺的比选主要考虑建筑垃圾的组分、源头分类程度、再生骨料的品质要求、再生产品的性能要求等。在选择建筑垃圾处理工艺之前，需要先对当地建筑垃圾的情况进行调研，要注重整体处理效果，而并非注重单一处理工艺。

5. 设施主体工程

设施主体工程主要包括生产主厂房、原料储存库、再生骨料储存库等在内的主要建构筑物的设计。需要根据生产规模、设备的运行空间、建筑单体功能要求、工艺要求、安全规范、经济节能等要求，严格地对建筑单体进行设计。

6.4.5 服务半径

从运距有关的经济效益考虑，一般将固定式资源化利用设施服务半径控制在 15 ～ 20 千米。依据对住房和城乡建设部建筑垃圾试点城市相关材料的分析，截至 2019 年全国 35 个建筑垃圾治理试点城市建筑垃圾资源化项目共 224 个，资源化能力 2.1718×10^8 t/a，35 个试点城市资源化利用设施建设平均规模约 1.0×10^6 t/a。同时，根据相关国标规定，建设规模按年处置能力可分为大、中、小型三类，其中大型为 1.0×10^6 ～ 3.0×10^6 t/a，中型为 0.5×10^6 ～ 1.0×10^6 t/a，小型为 0.3×10^6 ～ 0.5×10^6 t/a。

6.4.6 城市黄线控制

在地方城市管理实务中，为保证相关设施顺利建成投产，建筑垃圾资源化利用设施应被纳入城市黄线保护范围内，对其进行管控，严禁任何单位和个人未经允许擅自占用或者改变其用途，并应严格控制建筑垃圾资源化利用设施周边的开发建设活动，以防对环境造成污染或产生其他方面的严重影响。

应在拟建建筑垃圾资源化利用设施和现有建筑垃圾资源化利用设施周边的黄线规划范围内实行严格的规划控制，将黄线规划管理纳入日常规划管理中，实施台账管理，建立黄线管理信息系统及动态更新机制。采取措施使黄线管理有法可依，强化群众监督、检查力度，全面提升公共环境水平。当黄线规划设施内部出现矛盾冲突时，供给系统作为整个城市黄线控制的主体应优先考虑，此外还应考虑安全第一、区域性、规模大、等级高等因素。黄线规划应合理划定用地界线、制定控制指标、设置线路走廊和明确管理规定，对建筑垃圾收集、处置设施进行针对性和指导性的引导控制。黄线控制系统可综合用地要求和建设的技术要求，实行分级划定管控。对于不同控制强度的建设用地控制线，可由一条黄线刚性控制调整为一组黄线甚至是几组黄线弹性管控。

规划中，对于建筑垃圾固定资源化利用设施用地可划定为黄实线管控区域。面对有建筑垃圾临时资源化利用设施用地的特殊情况，也可将其纳入黄线管控范围的分支，临时用地到期后，该管控区域可在不违背《国土空间总体规划》相关要求的基础上综合考虑城市空间发展进行功能的调整。

6.5　固定处置场布局

按新版固废法和国家住房和城乡建设部新修订的部令要求，建筑垃圾的处理须优先进行资源化利用，对于无法有效利用的建筑垃圾，或因当地场地限制因素等，建筑垃圾最终的去向是进行填埋处理。因此，在各地规划和管理实务中，建筑垃圾固定处置场的功能定位为服务于政府重大建设工程的应急储备设施及消纳建筑垃圾中无法综合利用的惰性组分的兜底设施。城市建筑垃圾处置场厂址选择是一项综合性很强的工作，它是以国家现行文件为指导，在上级主管部门下达有关建厂（场）的指示精神下，对备选的几处厂（场）址，进行技术、经济、环境及人身体健康等各方面的比较，从中选择一个建设投资少、运营费低、建设快，并具有最佳环境效益和社会效益的厂（场）址。根据城市周边的地势和自然条件情况，以天然谷地型填埋场场址为最佳。

6.5.1　基本原则

在作为兜底设施和本地区建筑垃圾管理实际需求的情况下，各级人民政府要根据区域建筑垃圾产生量，按照就近利用原则，合理安排建筑垃圾处置场的布局、用地和规模，科学确定库容量，满足建筑垃圾处置需求。在产量相对较小的区域，相邻等级间的区域可合并设置处置场。

从建筑垃圾的组分构成来看，要先对建筑垃圾进行分类处理，不能将其与生活垃圾混合填埋，同时对于工程垃圾、拆除垃圾、装修垃圾等可能含有木料、塑料、金属、玻璃、布料、石材、砂石料、泡沫板、石膏板、隔热隔音玻璃纤维、瓷料等组分的建筑垃圾，更需要先进行分类筛选再进行最终处置，以避免不良的环境影响。

6.5.2　选址要求

建筑垃圾固定处置场是指按照工程理论和土工标准堆填建筑垃圾，并使其稳定化的集中堆放的场地，是重要的市政基础设施。

在进行建筑垃圾处置场选址时，应注意满足以下条件。

（1）应遵循城乡统筹、区域协调的原则，以城市发展战略、国土空间总体规划、详细规划、环境卫生专项规划等为依据，应充分利用现有设施，对现有设施进行提升改造；需要新建设施时，应与现阶段的建筑垃圾清运及处理系统相协调。

（2）尽可能实现就地处理、就近回用，最大限度地降低运输成本。

（3）建筑垃圾处置场要严格控制地质沉降等保证安全性，并符合环境保护的要求。

（4）建筑垃圾处置场应具备相应充足的库容，使用年限为 10 年以上，并应充分利用天然地形以增大消纳库容。

（5）各地区应提前配备与完善建筑垃圾处置场管理执法人员及建筑垃圾运输车辆等。

（6）处置场的地点应交通方便，并且运距合理。

（7）应选择征地费用较低、方便施工的地点。

（8）应选择人口密度较低且土地利用价值较低的地点。

（9）以位于当地城市的夏季主导风向的下风向且距人畜居栖点 500 米以外为宜。

（10）尽量设在地下水流向的下游，最好远离水源。

（11）建筑垃圾处置场可与建筑材料企业结合布置，形成规模化、体系化的产业园。

同时处置场选址时应避开下列地区。

（1）国务院和国务院有关主管部门及省、自治区、直辖市人民政府划定的生活饮用水源地、风景名胜区、自然保护区及其他需要特别保护的区域。

（2）居民密集居住地区。

（3）直接与航道相通的地区。

（4）地下水的补给区、淤泥区及洪泛区。

（5）活动的断裂带、坍塌地带、石灰坑、地下蕴矿带及熔岩洞区。

6.5.3　城市黄线控制

建筑垃圾处置场同上述建筑垃圾收集、处理设施用地（包括建筑垃圾贮存点、建筑垃圾资源化利用厂）一样，应纳入城市黄线保护范围内，对其进行管控。就实际情况而言，黄线控制系统可综合用地要求和建设的技术要求实行分级划定管控。

7

建筑垃圾清运体系

7.1 体系建设

7.1.1 工程类建筑垃圾收运体系

工程渣土以就地利用、种植、回填、造景为主，剩余部分或工期和场地等因素不允许时，可按照管理部门的要求运到建筑垃圾处置场处理。建设工程应在规划设计阶段，充分考虑土石方挖填平衡和就地利用，或进入市场化调配运转，促进循环利用。

工程渣土收运管理应注意以下几点。

（1）建设单位（含房地产开发企业）应当将建筑垃圾运输处置费用单独列项计价，并确保及时足额支付相关费用；明确本工程建筑垃圾、土方（弃土）的产生量、处置方式和清运工期；应当负责选择符合要求的建筑垃圾运输企业和建筑垃圾消纳场所。委托方应当与运输企业签订委托清运合同，与消纳场签订处置协议，明确建筑垃圾运输处置费用的结算方式和结算进度。

（2）建设单位选择的运输企业和消纳场所，应当分别取得相关核准许可。建设单位和运输企业应当在施工前到工程所在地区城市管理部门，为工程项目和运输车辆办理相关许可手续。住房和城乡建设部门在办理房屋市政工程施工安全监督手续时，应当核对建设单位提供的运输企业经营许可证、运输车辆准运证、工程项目消纳证等证明材料。

（3）建设施工类项目主体登记处理工程渣土或其他施工类建筑垃圾时，应提交"建筑垃圾运输处置方案"进行备案。

（4）施工单位应当按照相关要求，在施工现场门口设置车辆清洗设施，在基坑土方施工阶段，宜安装高效洗轮机。施工现场还应当设置密闭式垃圾站，将建筑垃圾与生活垃圾分类存放和清运，具备条件的应当按照规定进行资源化利用。在建筑物内的建筑垃圾清运，应当采用容器或管道运输，严禁凌空抛掷。施工单位应当按照规定及时清运建筑垃圾，在施工现场暂存或清运建筑垃圾时，应当采取覆盖、洒水等降尘措施。

（5）施工单位应当在施工现场门口设立检查点，按照"进门查证、出门查车"

的原则，安排专人对进出施工现场的运输车辆逐一检查，做好登记。工地要安装视频监控设备，并接入城管部门建筑垃圾监控系统，依托信息管理系统，对施工工地实施实时监管。

（6）运输车辆驶入施工现场时，施工单位应检查运输车辆的核准证明，无准运证或持无效准运证的运输车辆一律不得驶入施工现场。运输车辆驶出施工现场时，施工单位检查人员应当检查运输车辆号牌是否污损、车厢密闭装置是否闭合、车轮车身是否带泥等情况，未达要求的运输车辆一律不得驶出施工现场。对不符合进出施工现场要求的运输车辆，经施工单位检查人员劝阻拒不及时改正，仍然强行驶入或驶出施工现场的，施工单位应当及时将车辆牌号和违法违规情况向城管执法部门举报。

7.1.2 拆除垃圾分类收运体系

拆除施工单位是拆除垃圾产生源头现场管理的责任单位，应按照拆除垃圾规范堆放的有关要求，配备现场管理人员进行分类堆放。拆除垃圾应实施源头分拣，按照金属类、塑料类、木质类、砖石类（含玻璃、瓷砖）等进行分类堆放；对于可能混入生活垃圾、工业垃圾和有毒有害垃圾等的拆除垃圾，应单独分出，并通过相应的专门处置渠道进行规范处置。

拆除垃圾经分拣后产生的不同类别，按不同属性分类处置。

（1）对分类分拣后如木材类、金属类、塑料类等能够直接利用的，应优先进入废旧物资回收利用体系进行资源化利用。

（2）砖石类的拆除垃圾应运输至资源化利用设施、规范的处置场所或转运场站，进行处理或贮存。

（3）对分拣后的残渣，可燃物质可运至垃圾焚烧厂处置，不可利用物质运至规范的处置场处置。

拆除垃圾收运管理应满足以下几点。

（1）严格落实"申报（或备案）制度"，加强建筑垃圾源头申报管理，健全产生者申报、住建部门监管的管理机制。住建部门负责监管的房建市政工程和建筑拆除工程，建设单位依法在施工前办理施工安全监督手续和建筑拆除备案。住房和城乡建设部门在办理建筑拆除工程备案时，应当核对建设单位提供的运输企业经营许可证、运输车辆准运证、工程项目消纳证等证明材料。不符合要求的，不得进行拆除作业。

（2）建筑拆除工程实行建筑拆除、资源化利用一体化管理。拆除工程发包单位可将建筑拆除同建筑垃圾资源化利用一并发包，鼓励发包给具有建筑垃圾资源化利用能力的拆除工程单位或由建筑垃圾资源化利用单位和拆除工程单位组成的联合体。拆除工程发包单位应对承包单位的建筑垃圾资源化利用业绩、设备和人员等情况进行核实。鼓励拆除工程在拆除现场实施建筑垃圾资源化综合利用。

（3）拆除实施前，发包单位应会同承包单位制定《建筑垃圾资源化综合利用方案》。拆除工程完成后，发包单位应向建筑垃圾管理部门提供建筑垃圾资源化综合利用情况的报告，并提供相应证明材料，明确拆除产生的建筑垃圾去向。依法办理建筑拆除工程备案的建筑拆除工程，实施建筑垃圾现场资源化利用的，发包单位应一并提交《建筑垃圾资源化综合利用方案》。

（4）所有工程必须做到封闭施工和降尘施工，施工出入口应当硬化，设立车辆冲洗设备和沉淀池，严禁在车行道上堆放施工材料和建筑垃圾。工地开工后，工程渣土和拆除垃圾按照管理要求分类堆放。工地实行视频监控，同时执法部门不定期地到工地进行巡查，若有建筑垃圾管理违法违规行为，将情况抄送往住建部门，作为文明工地考评、企业诚信记录及现场安全文明施工措施费等考评的内容。

（5）加强对建筑物拆除现场监管，对无法及时处置的建筑垃圾做好围挡、覆盖和绿化工作，严防生活垃圾混入。

7.1.3　装修垃圾分类收运体系

装修垃圾应分类收集、运输和处置。居民住宅小区内产生的装修垃圾要规范处置，按照"能分则分、能用则用"的原则进行回收和资源化利用，装修垃圾可分为可回收利用材料（如木材、胶合板、废旧钢材、塑料等，以及混凝土类）和不可回收利用的其他废料。

装修垃圾收运管理应注意以下几点。

（1）实施物业管理的居民住宅小区，居民装修垃圾应当由物业服务企业统一清运，业主、装饰装修企业不得自行清运。物业服务企业受托清运居民装修垃圾，应当明码标价并选择取得经营许可的运输企业，与运输企业签订委托清运合同，与消纳场所签订处理协议，并依法取得消纳证明。物业服务企业不得允许未取得经营许可运输企业的运输车辆进入物业管理区域收集或运输居民装修垃圾。

物业服务企业应当加强居民装修垃圾的日常管理，在物业管理区域内设立居民装修垃圾暂存点，设置明显标识，督促业主、装饰装修企业按照要求投放居民装修垃圾，并及时组织清运。居民装修垃圾不得与有害垃圾、厨余垃圾、可再生资源和其他生活垃圾混装混运。

（2）未实施物业管理的居民住宅小区，居民进行室内装饰装修工程开工前，或自行联系具有清运资质的装修垃圾运输单位，或向属地街道办事处（或乡镇政府）登记，由属地街道办事处（或乡镇政府）统一办理消纳证并及时清运。

（3）装修垃圾投放管理责任人应当履行以下义务：

① 设置专门的装修垃圾堆放场所；

② 不得将生活垃圾、危险废物混入装修垃圾堆放场所；

③ 引导企业和居民进行装修垃圾分类投放；

④ 保持装修垃圾堆放场所整洁，采取措施防止扬尘污染；

⑤ 明确装修垃圾投放规范、投放时间、监督投诉方式等事项。

装修垃圾投放管理责任人确因客观条件限制无法设置装修垃圾堆放场所的，应当告知所在街道（地区）办事处，由街道（地区）办事处负责指定装修垃圾处理场所。

7.2 运输管理

7.2.1 运输车辆管理

（1）运输企业应当取得经营许可。城市管理部门要严格审批，实时更新并公布取得经营许可证的运输企业。运输企业的运输车辆必须符合技术标准和污染物排放标准等要求。

（2）运输企业应当建立运输车辆尿素添加使用台账，具备在线自动监控功能，实现环境保护等管理部门对车辆排放的在线管理。被公安交管部门或环境保护部门处罚的排放超标运输车辆，必须经过维修治理，环境保护部门确认排放合格后方可再次上路行驶。

（3）城市管理部门对未取得经营许可证的运输企业、不符合地方标准和环保标准的运输车辆，不予核发准运证。

（4）企业办理施工安全监督手续，应当核对其建筑垃圾运输企业经营许可证、运输车辆准运证和工程项目消纳证。

（5）规范运输市场，鼓励组建绿色车队。建立完善建筑垃圾运输企业资质许可和运输车辆准运许可制度。承运建筑垃圾的企业要具备固定的办公场所和车辆停放场所，运输车辆持有绿色环保标志，安装机械式密闭苫盖装置和电子识别、计量监控系统。对取得相关许可证的运输企业和专业运输车辆，核发统一标识和准运证件。建设单位或经建设单位委托运输建筑垃圾的施工单位，必须在具备许可资质的运输企业目录中选择运输企业及车辆。住房和城乡建设行政主管部门要将建设工程使用运输企业情况纳入重点监管范畴，严格管理。对资源化处理企业组建绿色车队的，给予支持。拆除性工程的建筑垃圾运输应优先使用资源化处理企业的绿色车队。

7.2.2 运输过程管理

处置建筑垃圾的运输单位在运输过程中，运输车辆应注明装载地点、消纳地点、行驶路线，按照主管部门规定的运输路线、时间运行，不得丢弃、遗撒建筑垃圾，不得超出核准范围承运建筑垃圾。

运输单位在运输建筑垃圾时应做到:

① 按指定的地点装载和消纳;

② 装载适量, 覆盖严密, 不遗撒泄漏、尘土飞扬;

③ 按规定的时间、路线行驶;

④ 建筑垃圾运输车应容貌整洁、标志齐全, 车辆底盘、车轮无大块泥砂等附着物;

⑤ 建筑垃圾运输车厢盖宜采用机械密闭装置, 开启、关闭时动作应平稳灵活, 工程渣土车后厢板与厢体间应有密封措施, 密封可靠;

⑥ 建筑垃圾运输车辆应配置车载定位终端;

⑦ 随车携带建筑垃圾准运证, 不得转借、伪造、复制、涂改、买卖建筑垃圾准运证。

7.3 管理信息化平台建设

建筑垃圾清运体系的管理，本质上是建筑垃圾回收利用体系建设的基本骨架，在管理过程中，通过建设建筑垃圾全过程监管平台，可以进一步完善建筑垃圾排放申报、运输过程监管、末端处置场所和再生产品应用的全过程管理机制，平台共享，将平台接入智慧城市管理系统。

建筑垃圾运输管理系统包括源头监控、收运远程监控、收运车辆卫星定位、资源调剂、末端设施监控、办公自动化等功能，根据不同城市的实际管理需求因地制宜设置。

（1）建筑垃圾源头控制系统。在工程初步设计或方案设计阶段，建筑垃圾产生单位对建筑垃圾产生量、处理方案、再生建材计划使用情况等进行备案，作为施工阶段的管理依据。

（2）建筑垃圾收运车辆卫星定位系统。建筑垃圾运输车实时密闭监控，全程运输监管；限定运行轨迹、限定运行速度等功能，做到"视频到车"。每台收运车辆均安装卫星定位系统，当车辆不按路线和速度作业时，信息管理中心可发出纠正指令；当车辆作业途中出现故障时，信息管理中心便可在第一时间内调度维修车辆抢修。

可与运输企业和车辆的诚信评价系统配合，加强对建筑垃圾运输企业和运输车辆的管理，根据对运输企业诚信管理办法的要求，对给定目录公告内的运输企业及车辆进行综合诚信评价管理。

（3）资源调剂系统。完善建筑垃圾供需信息平台。根据工程方案设计阶段，建筑垃圾产生单位所备案的产生量、预计产生时间、回填量、预计使用时间等基础数据，由管理部门通过建筑垃圾供需信息平台，对建筑垃圾进行有效调度，实现建筑垃圾（尤其是工程渣土）的资源化利用。

（4）建筑垃圾末端设施监控系统。建立建筑垃圾收运和处理企业数据库，如企业名称、地址、电话等，通过预设的计算规则计算或录入企业建筑垃圾处理量。建立企业相关管理信息电子档案。具体的功能包括企业基本信息的新增、变更和删除等，以及新增的调配、消纳和资源化利用设施等动态监控（包括临时贮存点及最终处置点的视频数据、计量数据，末端处理设施的视频数据、计量数据、环保数据等）。

整个系统的办公自动化可以起到加强行政事务管理、提高工作效率的作用。

建筑垃圾资源化规划实施保障

8.1 政策保障

1. 完善建筑垃圾资源化利用法律法规体系

首先应建立建筑垃圾源头减量化、建筑垃圾资源化利用的法律法规体系，明确规定建筑垃圾相关管理的实施细则、减量化相关指标、资源化产品技术指标及资源化产品的质量控制指标等。其次，各省、市级住房和城乡建设主管部门要加快制定和完善施工现场建筑垃圾分类、收集、统计、处置和再生利用等相关标准，为减量化工作提供技术支撑。

参考国外立法经验，结合我国实际情况，以固废法为基础，加快完善建筑垃圾资源化利用相关法律法规。相关法律法规应包括以下内容：① 禁止随意堆放建筑垃圾，加大惩处力度，对违法行为提出具体处罚措施；② 建筑垃圾应优先回收利用，若不能利用则经无害化处理后填埋；③ 提出规范的建筑垃圾处理核准（备案）程序，不符合核准（备案）要求的，不颁发许可证书；④ 规定建筑垃圾资源化单位的经济补偿措施，包括政企合作、税收减免等；⑤ 制定建筑垃圾源头分类、分类收集、资源化利用和处置相关法规，通过宣传教育和奖惩措施，充分调动建筑垃圾企业、个人主动参与建筑垃圾分类回收。

2. 加强宣传建筑垃圾资源化处理

地方各级住房和城乡建设主管部门要充分发挥舆论导向和媒体监督作用，广泛宣传建筑垃圾减量化的重要性，普及建筑垃圾减量化和现场再利用的基础知识，增强参建单位和人员的资源节约意识、环保意识。可以通过微信、微博、短视频、互联网等媒体和平台，对建筑垃圾分类收集、规范运输、资源化处理、再生产品应用等方面进行宣传，调动公众参与的积极性，并发挥政府、媒体、公众多方共同监督的作用。通过宣传教育，提高公众保护环境、节约资源的意识，并增强公众对建筑垃圾再生产品的认知，对建筑垃圾不经资源化利用的危害及建筑垃圾监管等的了解，鼓励公众选择大量使用建筑垃圾再生产品的项目，提高公众自发加入监督建筑垃圾违法处置的行列，自觉对建筑垃圾进行分类处理，提高建筑垃圾综合处理水平，形成全社会共同努力提高建筑垃圾资源化利用水平的良好氛围。

8.2 管理保障

1. 建立建筑垃圾资源化利用考核制度

制定城市建筑垃圾资源化利用综合管理考评制度，将绿色材料使用情况、建筑垃圾源头消减目标、建筑垃圾综合利用水平、资源化处理设施建设规模和处理能力、建筑垃圾分类收集率等影响资源化利用水平的因素纳入评价指标中，构建建筑垃圾综合考评体系，提高政府各部门的服务水平。明确建筑垃圾主管部门和各协同管理部门间的责任，使其各司其职，提高其对建筑垃圾再生利用工作的重视程度。设立单独管理小组，定期对各部门建筑垃圾综合利用工作情况进行考评，将结果记入政府业绩考核评价中，加快推进各部门协调推进建筑垃圾资源化管理进程，确保建筑垃圾资源化利用产业的快速发展。

2. 加强统筹管理与督促指导

地方各级住房和城乡建设主管部门要完善建筑垃圾减量化工作机制和政策措施，将建筑垃圾减量化纳入本地绿色发展和生态文明建设体系，将建筑垃圾源头减量化目标和资源化目标纳入节能考核目标，建立责任考核体系，明确各级政府城市规划、城市建设、城市管理、公安交管、环保部门的职责，建立推动建筑垃圾源头减量化和资源化利用的联动工作机制。加强督促指导，地方各级住房和城乡建设主管部门要将建筑垃圾减量化纳入文明施工内容，鼓励建立施工现场建筑垃圾排放量公示制度。落实《施工现场建筑垃圾减量化指导手册》，加强建筑垃圾减量化项目示范引领，促进建筑垃圾减量化经验交流。

3. 提高部门间协同监管能力

建筑垃圾管理工作极具综合性和复杂性，牵涉到住建、城管、发改、房管、环卫、交警、规划等众多部门，其管理过程中包含社会和谐、经济发展、环境保护、生态建设等各个方面的问题。因此，建筑垃圾监督管理需要多方力量共同参与，互相配合，尤其是各主管部门之间需要信息互通，协同治理，完善顶层管理，强化部门间协作，只有这样才能提高建筑垃圾监督管控能力，推动其资源化利用。

城管、交警、住建、环保等部门间要明确各部门职责（图 8-1），通过数字化的手段和智慧化技术实现信息共享、互相协作，对建筑垃圾从产生、收集、运输、资源化利用及处置的全过程进行监管。应与各地已有的"智慧城管"平台或其他大数据监管平台衔接，构建并完善建筑垃圾智能化管控平台，使各主管部门间信息互通，协同管理，实现"一个平台、多方协作"的监管模式，通过数字化的手段破除部门间的信息屏障，最大限度缩小监管盲区，提升建筑垃圾综合管理信息平台的运行效率，实现全覆盖、全过程、全时段的智慧化监管。

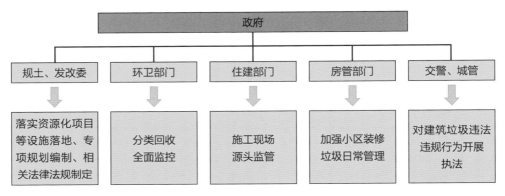

图 8-1　部门间协同治理工作内容图
（资料来源：作者自绘）

城管部门加强建筑垃圾大数据监管功能建设，为执法和管理工作提供必要的科技手段支撑。一是推进建筑垃圾综合管理平台与智慧城管平台深度融合。将平台软件与数字城管、智慧执法、数据分析共享等智慧城管平台应用互通，并统一接入市城管局指挥中心统一调度。二是建立市区建筑工地、消纳场所"一张图"。根据住建、城管部门定期提供的各类工地、消纳场所的信息，按行政区域划分，及时建立、定期更新市区建筑工地、消纳场所的电子地图，方便相关部门开展管理工作。三是建立联单化应用场景。按照"出－运－消"的链式管理流程，将运输车辆在源头工地、运行过程、终端消纳的装载、行驶、消纳信息录入监管平台备案。

交警部门督促建筑垃圾运输企业加快车辆密闭装置传感器改装，将建筑垃圾运营车辆全部纳入平台监管；对于人为破坏车辆监控设备行为，以故意毁坏公私财物予以惩处，收回建筑垃圾运输车辆通行证，数额较大的追究刑事责任；细化通行证登载内容信息，降低平台报警误报率。

住建部门及时更新市区所有施工工地信号数据，而城管部门及时维护市区建筑垃圾消纳场视频监控，杜绝黑屏、不连续运行等问题，确保市区全部施工工地、消纳场纳入平台监管。

8.3 规划落地

8.3.1 用地保障

规划部门应当将建筑垃圾项目用地纳入城市建设规划，在区域规划、总体规划和详细规划等层面明确建筑垃圾处置设施的用地性质、用地规模等内容；加快建筑垃圾处置设施用地审查进度，确保经审查符合要求的企业及时获批，使得用地不再成为限制建筑垃圾处理企业发展的瓶颈。

1. 构建分级分区管控体系

分级管控：构建"市、区/县、街道/乡镇"三级管控体系，由上至下对建筑垃圾进行管控。在城市层面，提出建筑垃圾总体治理思路，完善城市建筑垃圾管理规定、相关法律法规、政策标准等，通过区域统筹分析，在城乡一体化的基础上，提出城市建筑垃圾处理设施的总体布局。在区/县级层面，落实市级层面提出的管理措施，根据各区/县的实际情况，制定各区/县的建筑垃圾管理措施细则，明确各区县的建筑垃圾临时转运站及临时资源化利用设施的布局。在街道/乡镇层面，主要针对装修垃圾提出具体的管控措施，各街道要设置装修垃圾分类收集点，并进行宣传教育工作，使居民在装修过程中即开始垃圾分类，分类垃圾被投放到不同暂存点，由专业运输企业运至指定专业处理设施，专业处理设施进行资源化再利用或无害化处置，再生产品重新进入建筑材料市场。

分区管控：将城市按建筑垃圾现场处理的困难程度、建筑垃圾产生量、城市重点建设情况划分为重点管控区和一般管控区。重点管控区为城市的中心城区，是城市的中心，也是展现城市形象的核心地区，并且中心城区用地紧张，城市建设量大，在城市发展的某些阶段建筑垃圾产生量比较集中，因此要加强对这类区域的管控。一般管控区为城市市区和城镇以外的其他地区，建筑垃圾产生不集中。

2. 推进用地规划衔接

各级人民政府要根据区域建筑垃圾产生量，按照资源就近利用原则，合理安排建筑垃圾资源化利用企业的布局、用地和规模，科学编制建筑垃圾资源化利用发展规划，并做好与城市总体规划、土地利用总体规划和资源综合利用规划的衔接和落实工作，确保建筑垃圾资源化利用的科学性和有效性。

3. 加快处理设施建设

建筑垃圾处置或资源化利用设施是重要的市政基础设施。各地要根据建筑垃圾产生量及其分布，合理规划布局建筑垃圾资源化利用设施和处置设施，满足城市建筑垃圾管理要求。采取固定与移动、厂区和现场相结合的资源化利用方式，尽可能实现就地处理、就地就近回用，最大限度地降低运输成本。建筑垃圾处理设施要严格控制废气、废水、粉尘、噪声污染，符合环境保护要求。

4. 支持项目发展用地

推动建筑垃圾处理设施用地依据《划拨用地目录》实行政府划拨。对于涉及的营利性项目用地，根据《关于支持新产业新业态发展促进大众创业万众创新用地政策的意见》（国土资规〔2015〕5号）规定，可采取租赁、先租后让、租让结合等多种方式供地。

8.3.2　技术保障

1. 编制建筑垃圾排放处理计划

对于新建、改建、扩建工程实行建筑垃圾排放限额制度，建设主管部门负责制定建设工程建筑垃圾排放限额技术规范。

建设、施工单位应当在工程招标文件、承发包合同、施工组织设计和设计合同中，明确施工现场建筑垃圾减量排放的要求和措施，明确施工单位在施工现场建筑垃圾规范排放、分类处理、禁止混合排放等方面的要求和措施，以及建筑垃圾综合利用产品的相关使用要求，并在合同中明确相应违约责任。设计单位出具的施工图设计文件应当包含优化规划、项目范围内竖向标高和建设工程土方平衡设计、建筑垃圾减排设计等内容，落实建筑垃圾排放限额技术规范的要求。建设、交通运输、水务部门按照职责分工在施工图设计文件抽查工作中进行核查。监理单位应当将前款规定的相关要求和措施纳入监理范围。

此外针对新建、改建、扩建工程和拆除、装修工程，施工单位应当按照建筑垃圾减排与利用法规规章及技术规范的要求，编制建筑垃圾排放处置计划，同时应当在排放前按照部门职责分工分别向建设、交通运输、水务部门申请建筑垃圾排放核准。

建筑垃圾排放处置计划应包括建设工程基本信息、建筑垃圾的种类和数量、建筑垃圾控制计划和减量措施、现场分类和综合利用方案、污染防治措施等内容。

2. "互联网+"智慧化监管

建筑垃圾的治理应不断跟随时代的步伐，在"互联网+"盛行的时代，建筑垃圾资源化技术要融合"互联网+"，做到新的突破。"互联网+"在建筑垃圾治理方面的应用主要体现在建筑垃圾分类和建筑垃圾管理信息平台的建立上。在目前的建筑垃圾治理工作中，建筑垃圾都只经过简单分拣和处理，分拣主要还是靠人工进行，人为因素为建筑垃圾的分类带来很多不确定性，建筑垃圾分类标准不清晰，分类水平不高，"互联网+"恰能弥补这一劣势。对建筑垃圾进行分类回收，可大大提高利用价值，增加可利用空间。在建筑垃圾回收的过程中，一定要强调分门别类，尽量减少"混合垃圾"，这样才可提高后端资源化的效率和再生产品质量。

随着"互联网+"技术的推广，建筑单位在收集建筑垃圾并放到收纳点后，使用理想的分类系统自动识别建筑垃圾的成分，筛选、分类，储存到较为封闭的空间，并通知清运车队进行分类回收。通过智慧化手段可减少人工操作，从而减少人为因素的影响。

在建筑垃圾管理信息平台的建立上，应重点强化对运输环节的控制。一方面，合理设置每个建筑垃圾转运站点，通过"互联网+"构建建筑垃圾信息平台，每个转运站点的信息可以分享到平台上，例如哪个转运站点有建筑垃圾、储存量多大、类别是什么，工作人员及公众都能查到，转运站点一旦发生相关问题，平台也能及时地反馈信息并通知相关人员。"互联网+"智慧化监管平台的建立能有效提高部门间协作治理能力和建筑垃圾资源化利用水平。

8.3.3 目标保障

1. 基本理念

在固废法与国家住房和城乡建设部发布实施的部令文件中，对建筑垃圾减量化、资源化和无害化这三化目标提出了明确的要求，在建筑垃圾资源化规划的实施落地中，要严格执行三化基本目标。减量化意味着采取措施，减少建筑垃圾的产生量，最大限度地合理开发资源和能源，这是开展建筑垃圾治理工作的首先要求和措施。资源化是对已产生的建筑垃圾进行回收加工、循环利用或其他再利用等，使建筑垃圾经过综合利用后直接变成产品或转化为可供再利用的二次原料。无害化主要是针对已产生但又无法或暂时无法进行综合利用的建筑垃圾进行对环境无害或低危害的安全处理、处置，还应包括尽可能地减少其种类，降低危险废弃物的有害浓度，减轻和消除其危险特征等，以此防止、减少或减轻建筑垃圾对环境的可能危害。

2. 实现建筑垃圾的三化目标应遵循的原则

1）统筹规划，源头减量

统筹考虑工程建设的全过程，推进绿色策划、绿色设计、绿色施工等工作，采取有效措施，在工程建设阶段实现建筑垃圾源头减量。

2）因地制宜，系统推进

各地要根据自身的经济、环境等特点和工程建设的实际情况，整合政府、社会和行业资源，完善相关工作机制，分步骤、分阶段推进建筑垃圾治理工作，并最终实现目标。

3）创新驱动，精细管理

技术和管理是建筑垃圾治理工作的有力支撑。要激发企业创新活力，引导和推动技术管理创新，并及时转化创新成果，实现精细化设计和施工，为建筑垃圾治理工作提供保障。

4）全过程管理

对建筑垃圾的产生、运输、贮存、处理和处置的全过程及各个环节都实行控制管理和开展污染防治工作，这一原则又被形象地称为从"摇篮"到"坟墓"的管理原则。

5）分类管理

建筑垃圾种类繁多，危害特性与方式各有不同，因此，应根据不同类别建筑垃圾的特性区别对待，分类后进行无害化管理。对含有危险废弃物的建筑垃圾，实行严格控制和优先管理，对其污染防治提出比一般废物的污染防治更为严厉的特别要求并实行特殊控制。

6）集中处理

根据国内外建筑垃圾污染防治的经验，对建筑垃圾的处理，采取社会化区域性控制的形式，不但可以从整体上改善环境，又可以较少的投入获得尽可能大的效益，还利于监督管理。集中处理的形式多样，包括建设区域专业性集中处理设施，如资源化利用厂、装修垃圾分拣中转站、填埋场等。

8.4 资金保障

8.4.1 政府支持

建筑垃圾不是商品，本身没有价值，只有经过加工处理再利用后才会产生新的价值。建筑垃圾资源化作为我国绿色城市建设的重要组成部分，几年来各级政府通过积极有效的扶持政策促进了建筑垃圾资源化利用，尽管各部门仍然存在协调管理等问题[1]，其中有效的政策包括法律监管、经济辅助和政府干预市场调和三个方面。各地政府在建筑垃圾资源化利用层面所发布的通常包括办法、指导意见、通知等行政规范文件，该类文件法律效力较低，难以为建筑垃圾资源化提供较强的法律保障（表 8-1），因此，政府应当积极制定高强度、高效力的法律文件。其次，通过黄

表 8-1 国家层面的政策制定工作计划

管理部门	工作中存在的问题	下一步工作计划
住房和城乡建设部	1. 认识不到位，不够重视，缺乏建筑垃圾再生产品的国家检测标准 2. 体制机制不完善，缺少建筑垃圾资源化利用建设项目的总体规划，主管部门不一，多头管理问题突出，缺乏源头减排约束机制，没有建立区域统筹机制	1. 建立建筑垃圾资源化利用特许经营制度，目前只是目标，具体政策正在研究中 2. 创新财税支持方式 3. 推动再生产品应用 4. 开展试点示范
工业和信息化部	1. 缺乏专门性产业引导政策 2. 相关技术标准不够完善	1. 每年发布符合《建筑垃圾资源化利用行业规范条件》的企业名单 2. 鼓励企业研发创新先进技术及装备，推广应用成熟的建筑垃圾资源化技术
国家发展和改革委员会	1. 环境成本未充分体现 2. 法律法规体系不健全 3. 源头管理不够 4. 处置与资源化利用有待加强	1. 制定建筑垃圾资源化利用行业发展规划，并给予建筑垃圾资源化利用合理的定位 2. 加强法规标准建设 3. 完善政策机制，如建立基于"产生者付费、处理者受益"原则的建筑垃圾资源化利用产业链全过程付费结算机制 4. 加强建筑垃圾资源化利用推广的能力建设，推动再生产品应用

资料来源：根据《建筑垃圾资源化利用付费机制研究》改绘。

---

[1] 徐玉波. 建筑垃圾资源化利用付费机制研究 [D]. 北京：北京建筑大学，2020.

志玉 [1] 等人的调研结果，可知政府统筹布局建筑垃圾资源化设施，让企业有利可赚，增强社会资本投入的信心，是提高建筑垃圾资源化利用水平的长远之计。诸如某些地方政府出台的"可享受 50% 增值税即征即退"等政策，使企业享受建筑垃圾资源化带来的效益，是提升建筑垃圾资源化最有效的措施。

在各地实际管理实践中，经济激励手段是最直接有效的方式，在建筑垃圾的回收处理利用过程中，常常因处理单位无利润可图而缺少了积极性，直接影响资源化工作的推进，因此必须由政府通过某种渠道在利用过程中给予经济激励。

建筑垃圾资源化设施作为基础设施管理的具体建设运营模式可以采用 PPP 模式（政府和社会资本合作，是公共基础设施中的一种项目运作模式）（图 8-2）。在 PPP 模式下，主要有政府部门、私营投资者、特许经营公司（SPC）、金融机构等参与。政府对建筑垃圾资源化企业应进行适当的经济补贴，同时在项目周期内对特许经营公司实行监督管理。政府应为建筑垃圾资源化企业保障外部条件，如土地部门划拨相应用地、环卫部门将分类后的建筑垃圾无偿提供给建筑垃圾资源化企业、税务部门对建筑垃圾资源化企业实施税务减免，建设部门制定建筑垃圾再生产品的质量标

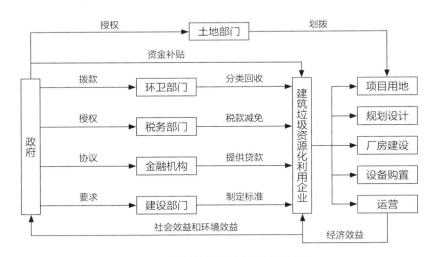

图 8-2　建筑垃圾资源化的 PPP 模式图

（资料来源：作者自绘）

---

[1] 黄志玉，郎宏，马明雪 . 建筑垃圾资源化利用扶持政策的有效性研究 [J]. 西南师范大学学报（自然科学版），2021，46（10）：91-98.

准、金融部门为建筑垃圾再生企业提供贷款支持。建筑垃圾再生企业对项目进行全过程的实施，过程中接受政府监督并获得合理的经济效益，实现经济、社会、环境效益的共赢。

综上，政府可通过以下经济手段提升建筑垃圾资源保障：发展建筑垃圾资源化相关项目可以享受政策性贷款；引进国外先进设备可免征进口设备关税和进口产品增值税等资金上的优惠政策；吸引社会资金，采取合资等方式，促进建筑垃圾资源化再生化、循环利用的产业化发展，这也是今后的发展方向。同时，为鼓励更多公司投入到建筑垃圾再利用行业中，可为其提供部分的科研资金支持，并对行业领头公司、先进公司、个人予以资金奖励；对销售建筑垃圾再生产品企业实行免征增值税政策；针对长期购买建筑垃圾再生产品的企业给予部分的资金补贴，鼓励带动全行业使用再生产品，加强建筑垃圾资源化产业链的稳定性。

8.4.2　鼓励社会资本参与

由于建筑垃圾的处理利润有限，且建筑垃圾资源化难度较大，愿意涉足的企业较少，同时建筑垃圾资源化项目前期需要投入大量资金，政府全额投资兴建会在资金方面出现财政困难问题。因此，采取 PPP 模式，即通过特许经营的方式，与社会资本共享收益、共担风险、长期合作，是建筑垃圾资源化项目实施的重要形式。

《中共中央关于全面深化改革若干重大问题的决定》中指出：推进城市建设管理创新，允许社会资本通过特许经营等方式参与城市基础设施投资和运营。建筑垃圾资源化特许经营模式如图 8-3 所示。特许经营是通过政府特许经营招投标引入的

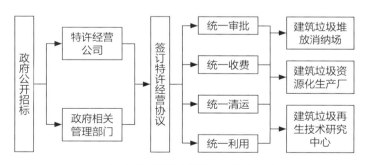

图 8-3　建筑垃圾资源化特许经营模式图

（资料来源：作者自绘）

市场机制，吸引社会资金参与城市基础设施的建设，而不是市场垄断。政府可在税收、贷款、产品推广及土地开发等方面予以扶持，授予参加建筑垃圾资源化的 PPP 项目企业以特许经营权，可以保障企业在地区内建筑的拆除、建筑垃圾的分类、清运、资源化产品生产及销售等方面有特许权力，可有效整合资源，保障资源化企业的生产原料和产品销路。

8.4.3　创新技术手段管理资金去向

建筑垃圾资源化利用全过程包括建筑垃圾产生、分类收集、运输、资源化处理与处置、再生产品应用等环节。政府想要在建筑垃圾资源化利用全过程扮演好主导者和监管者的角色，促进建筑垃圾资源化利用和规范化管理，需要大力推进建立产业链全过程管理。产业链全过程管理需要建立大数据管理平台，将各环节的数据纳入其中，从源头行政核准审批，到清运过程和收费监管，最后到再生产品应用去向管理。大数据管理平台分为行政核准审批系统、清运过程监管系统、收费监管系统、再生产品应用去向管理系统和监管应用程序（App）五大系统[1]。建筑垃圾资源化全过程管理系统如图 8-4 所示。

各地管理部门可以考虑构建基于"产生者付费、处理者受益"原则的建筑垃圾产业链全过程付费结算机制（图 8-5），首先是建设建筑垃圾资源化利用产业链全过程管理大数据平台的相关费用由政府承担；其次，在平台中设立专用资金账户，建筑垃圾产生者处理付费预交和处理者资金结算都在这个账户中；第三，政府委托第三方机构对区域建筑垃圾产生者处理付费单价、处理者结算单价和单个项目建筑垃圾产生量进行核算，相关费用由政府承担；第四，政府对资质审核、处置核准、处理付费预交与资金结算、清运管理与处罚、资源化利用和税收优惠减免等全过程进行监管。

---

[1] 况世焕. 建筑垃圾全链条大数据监管平台研究与应用 [J]. 建设科技，2016（23）：37-39.

此外，政府部门在建设建筑垃圾处置设施时，也可考虑不同时期设施的资金去向。

（1）建设期，保证各区处置场的规划有效实施，财政上要随城市经济的发展，逐步加大投资。同时在建筑垃圾处置场的建设上，寻求多方筹资（如 PPP 模式），在政府的监督管理下，通过市场运作，合理配置，充分发挥投资的最大效益。

（2）运营期，制定、实施建筑垃圾处置保证金制度。城乡建设行政管理部门对依法取得建筑施工许可的建筑施工企业实施建筑垃圾处置目标责任考核，并对其在建筑垃圾处置过程中的违章、违规行为进行处罚。

（3）封场期，保障建筑垃圾处置场填埋完毕后及时高效地完成土地复垦和生态恢复建设任务，规划建议城市建筑垃圾的行政主管部门在收取的垃圾消纳总费用中强制性预留出一定比例的专用资金，由责任单位承担封场后的土地复垦和生态恢复建设工作。

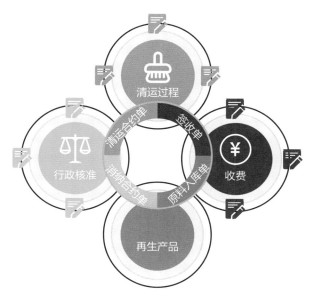

图 8-4 建筑垃圾资源化全过程管理系统

（资料来源：根据资料改绘）

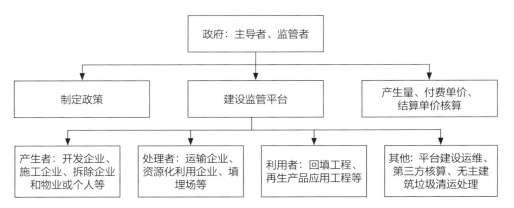

图 8-5 建筑垃圾产业链全过程付费结算机制

（资料来源：根据《建筑垃圾资源化利用付费机制研究》改绘）

9

法律法规与案例研究

9.1 国家层面的有关法律法规

表 9-1 国家层面的有关法律法规

名称	通过时间	有关条款
中华人民共和国环境保护法	1989 年 12 月 26 日通过；2014 年 4 月 24 日第八次修订	国家采取财政、税收、价格、政府采购等方面的政策和措施，鼓励和支持环境保护技术装备、资源综合利用和环境服务等环境保护产业的发展
		国家鼓励和引导公民、法人和其他组织使用有利于保护环境的产品和再生产品，减少废弃物的产生。国家机关和使用财政资金的其他组织应当优先采购和使用节能、节水、节材等有利于保护环境的产品、设备和设施
		各级人民政府应当统筹城乡建设污水处理设施及配套管网、固体废物的收集、运输和处置等环境卫生设施，危险废物集中处置设施、场所，以及其他环境保护公共设施，并保障其正常运行
中华人民共和国清洁生产促进法	2003 年 1 月 1 日实施；2012 年 2 月 29 日修订	所谓清洁生产，是指不断采取改进设计、使用清洁的能源和原料、采用先进的工艺技术与设备、改善管理、综合利用等措施，从源头削减污染，提高资源利用效率，减少或者避免生产、服务和产品使用过程中污染物的产生和排放
		各级人民政府应当优先采购节能、节水、废物再生利用等有利于环境与资源保护的产品
		国务院有关部门可以根据需要批准设立节能、节水、废物再生利用等环境与资源保护方面的产品标志，并按照国家规定制定相应标准
中华人民共和国循环经济促进法	2009 年 1 月 1 日实施；2018 年 10 月 26 日修订	国家机关及使用财政性资金的其他组织应当厉行节约、杜绝浪费，带头使用节能、节水、节地、节材和有利于保护环境的产品、设备和设施，节约使用办公用品
		国务院和省、自治区、直辖市人民政府及其有关部门应当将循环经济重大科技攻关项目的自主创新研究、应用示范和产业化发展列入国家或者省级科技发展规划和高技术产业发展规划，并安排财政性资金予以支持
		省、自治区、直辖市人民政府可以根据本行政区域经济社会发展状况，实行垃圾排放收费制度。收取的费用专项用于垃圾分类、收集、运输、贮存、利用和处置，不得挪作他用

名称	通过时间	有关条款
中华人民共和国固体废弃物污染环境防治法	2005 年 4 月 1 日实施；2018 年 10 月 26 日修订；2020 年 4 月 29 日修订	地方各级人民政府对本行政区域固体废物污染环境防治负责。 国家实行固体废物污染环境防治目标责任制和考核评价制度，将固体废物污染环境防治目标完成情况纳入考核评价的内容
		县级以上地方人民政府应当加强建筑垃圾污染环境的防治，建立建筑垃圾分类处理制度。 县级以上地方人民政府应当制定包括源头减量、分类处理、消纳设施和场所布局及建设等在内的建筑垃圾污染环境防治工作规划
		国家鼓励采用先进技术、工艺、设备和管理措施，推进建筑垃圾源头减量，建立建筑垃圾回收利用体系。 县级以上地方人民政府应当推动建筑垃圾综合利用产品应用
		县级以上地方人民政府环境卫生主管部门负责建筑垃圾污染环境防治工作，建立建筑垃圾全过程管理制度，规范建筑垃圾产生、收集、贮存、运输、利用、处置行为，推进综合利用，加强建筑垃圾处置设施、场所建设，保障处置安全，防止污染环境
		工程施工单位应当编制建筑垃圾处理方案，采取污染防治措施，并报县级以上地方人民政府环境卫生主管部门备案。 工程施工单位应当及时清运工程施工过程中产生的建筑垃圾等固体废物，并按照环境卫生主管部门的规定进行利用或者处置。 工程施工单位不得擅自倾倒、抛撒或者堆放工程施工过程中产生的建筑垃圾
中华人民共和国资源税法	2020 年 9 月 1 日实施	根据国民经济和社会发展需要，国务院对有利于促进资源节约集约利用、保护环境等情形可以规定免征或者减征资源税，报全国人民代表大会常务委员会备案

资料来源：作者自绘。

9.2　国内实证案例研究

通过对建筑垃圾综合利用率相对来说较高的地区进行现场调研，分析并总结其建筑垃圾资源化利用经验，经过实地调研总结经验和问题，作为案例研究的基础资料。

明确访谈内容、目标和人群，选取城市管理部门、建筑垃圾综合利用企业、业内专家、群众等相关主体作为主要访问人群，采取半结构化访谈方式，调查分析建筑垃圾管理部门负责人员的管理意愿和态度，就资源化管理现状、管理难点等问题对其进行访谈，与施工场地管理人员、工作人员进行面对面交流，向业内专业人士咨询资源化利用痛点与难点问题，并讨论访谈研究初步成果。最后对访谈结果进行分析整理，归纳总结，结合文献检索研究基础，建立并完善建筑垃圾综合利用规划框架，提出建筑垃圾综合利用不同过程的规划策略。

一、现场踏勘

1. 西安

1）调研思路

通过实地调研西安市建筑垃圾处置主管部门（西安市城市管理局）、施工项目（中铁十一局西安市地铁一号线二期工程张家村站和陕西建工集团有限公司交大创新港项目）、资源化利用企业（陕西建新环保科技有限公司）、拆迁项目（西安市雁塔区东等驾坡村拆迁项目）和设备研发企业（陕西建工第五建设集团有限公司设备加工厂），了解西安市建筑垃圾处理及资源化利用相关政策法规、施工现场建筑垃圾减量化和资源化利用情况、资源化处理企业建筑垃圾资源化利用现状、拆迁项目现场建筑垃圾分类和资源化利用状况，以及施工现场建筑垃圾分类处理设备研发情况。

2）行程安排

行程安排具体如表 9-2 所示。

表 9-2　建筑垃圾减量化西安调研行程安排表

序号	时间	调研单位或项目	调研内容
1	2019 年 7 月 11 日上午	西安市城市管理局渣土办	建筑垃圾处理及资源化利用相关政策调研
2	2019 年 7 月 11 日下午	中铁十一局西安市地铁一号线二期工程张家村站	地铁施工中工程渣土减量化措施调研
3	2019 年 7 月 12 日上午	陕西建新环保科技有限公司	建筑垃圾资源化利用现状调研
4	2019 年 7 月 12 日下午	陕西建工集团有限公司交大创新港项目	施工现场建筑垃圾减量化措施及资源化利用调研
5	2019 年 7 月 13 日上午	陕西建工第五建设集团有限公司设备加工厂	施工现场建筑垃圾分类处理设备调研
6	2019 年 7 月 13 日下午	西安市雁塔区东等驾坡村拆迁项目现场	建筑垃圾现场分类处理调研

资料来源：作者自绘。

3）调研图片

调研图片见图 9-1 ～图 9-7。

图 9-1　西安市城市管理局渣土办现场调研照片

图 9-2　中铁十一局西安市地铁一号线二期工程张家村站现场调研照片

图 9-3　陕西建新环保科技有限公司现场调研照片

图 9-4　陕西建工集团有限公司交大创新港项目现场调研照片（一）

图 9-5　陕西建工集团有限公司交大创新港项目现场调研照片（二）

图 9-6　陕西建工第五建设集团有限公司设备加工厂现场调研照片

图 9-7　西安市雁塔区东等驾坡村拆迁项目现场调研照片

2. 北京

1）调研思路

通过实地调研北京地区典型的中国尊、正大中心等在建商用建筑工程，地铁8号线珠市口站、大红门站等在建市政公用工程，中建总部大楼装修工程项目，南四环某棚户区拆迁与建筑垃圾就地分类处理项目，北京首钢资源循环利用有限公司以及首钢工业区东奥场馆改建项目，了解北京市施工现场建筑垃圾减量化和资源化利用情况、资源化处理企业建筑垃圾资源化利用现状、拆迁项目现场建筑垃圾分类和资源化利用状况，以及施工现场建筑垃圾分类处理设备研发情况。

2）行程安排

行程安排具体如表9-3所示。

表9-3　建筑垃圾减量化北京调研行程安排表

序号	时间	调研单位或项目	调研内容
1	2019 年 4 月 14 日上午	中国尊施工现场	施工过程中建筑垃圾的减量化处理情况调研
2	2019 年 4 月 14 日下午	正大中心施工现场	施工现场建筑垃圾减量化措施及资源化利用调研
3	2019 年 5 月 29 日上午	地铁 8 号线珠市口站和大红门站	地铁施工中工程渣土减量化措施调研
4	2019 年 5 月 29 日下午	首钢集团	拆除垃圾施工减量化现场调研
5	2019 年 5 月 30 日上午	中建大厦 A 座	装修垃圾施工减量化现场调研
6	2019 年 5 月 30 日下午	大兴西红门拆除垃圾工地	拆除垃圾施工减量化现场调研

资料来源：作者自绘。

3）调研图片

调研图片见图 9-8 ～图 9-13。

图 9-8　北京中国尊施工现场调研照片　　　图 9-9　正大中心施工现场调研照片

图 9-10　资源化制品　　　　　　　图 9-11　工业园改造项目

图 9-12　装修项目　　　　　　　图 9-13　棚户区改造项目

3. 武汉

1）调研思路

调研武汉市城管委和住建局，通过访谈进行。重点调研全市建筑垃圾管理的总体总体状况；调研武汉武钢北湖渣场、中建三局华润万象城项目部、铁机路杨园纺机拆除垃圾处理场、江夏107国道。

2）行程安排

行程安排具体如表9-4所示。

表9-4　建筑垃圾减量化武汉调研行程安排表

序号	时间	调研单位或项目	调研内容
1	2018年6月30日	武汉市城管委、住建局	重点调研全市建筑垃圾管理的总体状况
2	2019年7月30日上午	武汉武钢北湖渣场（武汉青山区定点处理点）	调研建筑垃圾定点处理技术，产品、再生产品销售状况、经济效益，特许经营试点效果，企业对政策环境的要求
3	2019年7月30日下午	华润万象城（武汉地标建筑建造项目之一）	施工垃圾源头减量措施、效果；建筑垃圾分类、原位利用措施和效果；废弃物安全弃置措施
4	2019年7月31日上午	铁机路杨园纺机拆除垃圾处理场（武汉武昌区定点处理点）	调研建筑垃圾定点处理技术，产品、再生产品销售状况、经济效益，企业对政策环境的要求
5	2019年7月31日下午	江夏107国道（武汉市重点交通项目）	道路施工垃圾源头减量措施、效果；建筑垃圾分类、原位利用措施和效果；废弃物安全弃置措施

资料来源：作者自绘。

3）调研图片

调研图片见图9-14～图9-17。

a. 武钢北湖渣场

b. 建筑垃圾堆放场地

c. 武钢北湖渣场

d. 陶粒生产车间

e. 再生骨料产品

f. 陶粒产品

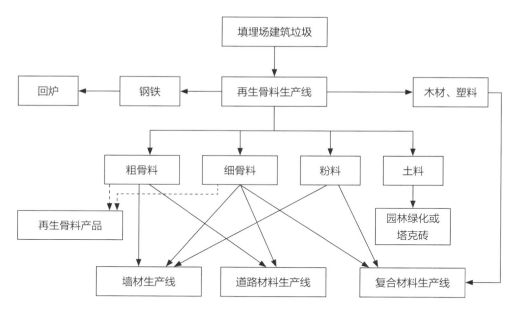

g. 建筑垃圾处理及资源化利用项目工艺流程图

h. 加工现场堆积的工业废渣

图 9-14　武汉武钢北湖渣场调研实况

a. 项目部   b. 现场工字钢

c. 现场废钢和废金属   d. 工字钢的再利用（支撑部件一）

e. 工字钢的再利用（支撑部件二）   f. 支护体系中的钢结构

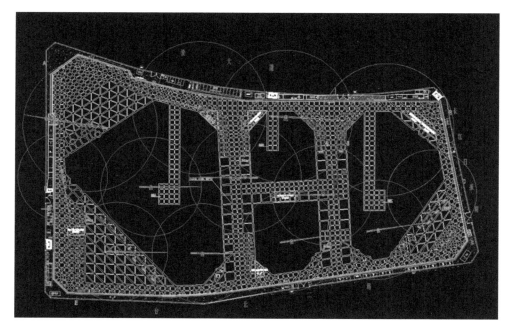

g. 支撑情况

处理设备

材料堆场

人工清理部分钢筋

运输设备

最终形成各种级配材料，回收利用

h. 现场废料的处理情况

图 9-15　华润万象城工地调研实况

a. 铁机路杨园拆除垃圾处理场

b. 建筑垃圾防尘覆盖

c. 砖、混凝土简易分类堆放

d. 动式破碎 - 筛分一体化设备

e. 正在运行的筛分设备

f. 产品 – 道路水稳料

图 9-16　铁机路杨园纺机拆除垃圾处理场调研实况

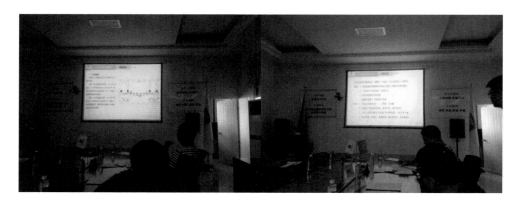

图 9-17　江夏 107 国道龚家铺—新南环段改扩建项目调研实况

4.深圳

1）调研思路

中国建筑发展有限公司调研团队一行于 2018 年 6 月 13 ~ 15 日进行了为期三天的建筑垃圾减量化技术交流会和各类建筑垃圾减量化措施的调研。现场调研除了了解建筑垃圾消纳场的消纳概况，重点调研了典型企业的建筑垃圾管理技术，典型工程的渣土、装修和拆迁垃圾的管理现状。

2）行程安排

调研团队的具体行程安排如表 9-5 所示。

表 9-5　建筑垃圾减量化深圳调研行程安排表

序号	时间	调研单位或项目	调研内容
1	2018 年 6 月 13 日上午	深圳市住建局	建筑垃圾减量化技术交流会
2	2018 年 6 月 13 日下午	深圳部九窝余泥渣土受纳场、绿发鹏程环保科技有限公司	受纳场的概况和现场渣土受纳情况，以及垃圾减量化的技术措施及资源化利用核心技术
3	2018 年 6 月 14 日上午	深圳地铁九号线	盾构施工过程中渣土的产生情况及减量化措施
4	2018 年 6 月 14 日下午	深圳新屋围渣土受纳场	受纳场的概况和受纳场中装修类、拆迁类垃圾受纳情况
5	2018 年 6 月 15 日上午	中国建筑第三工程局承建南开大厦主体工程	南开大厦室内精装修项目拆除垃圾的产生环节及减量化管理措施

资料来源：作者自绘。

3）调研图片

调研图片见图 9-18。

图 9-18　深圳市绿发鹏程环保科技有限公司项目现场调研照片

二、关键问题与需求

1. 西安

1）关键问题

2008年5月12日汶川地震之后，西安市乃至全国都掀起了建筑垃圾资源化利用的研究和实践热潮，然而经过多年的发展，除了个别企业经营正常外，大多数的企业在生存和发展问题上都遇到了很大的困难，究其原因，主要有以下几个方面。

（1）企业用地问题。由于建筑垃圾在堆放、处理及清运过程中，不可避免地会对周边的环境产生一定影响，各大城市的土地资源又极为宝贵，政府为建筑垃圾资源化利用企业批地难度非常大。

（2）建筑垃圾的来源问题。建筑垃圾的清运消纳问题错综复杂，企业生产所需建筑垃圾的持续供应无法得到保证，生产线常处于半停产状态，使企业的生产成本无形中增加许多。

（3）供应的建筑垃圾组分过于混杂，使企业的分拣处理成本大幅度提高，并产生大量的暂时无法资源化利用的垃圾，使企业难以正常运转。

（4）建筑垃圾分拣、破碎处理设备多采用传统矿山破碎设备，效率不高，导致再生产品生产成本较高，与天然原材料比较不具备竞争优势。

（5）再生产品的销售问题。人们对再生产品的认识和接受还需要一个过程；另外由于上述的问题，再生产品比传统产品的成本优势较小，销售不顺畅，企业盈利难。

（6）扶持政策问题。建筑垃圾产生、清运、消纳过程，再生产品生产与应用环节，以及税收、补贴等归属不同部门管理，相关部门出台的政策执行力度有限，难以形成推行建筑垃圾资源化利用的合力。

（7）产品质量提高和新产品研发问题。目前再生产品品种单一，以砌块、实心砖为主，由于准入门槛低，从事再生产品的生产企业五花八门，产品质量也参差不齐。建筑垃圾中不同的组分适宜生产不同建材，有些具有天然原材料所不具备的优点（例如烧结砖渣是很好的次轻骨料，砖粉具有一定的活性可作为掺合料），须加大新产品研发投入，提高再生产品的附加值。

（8）再生产品的配套技术标准体系建设问题。目前再生产品的技术标准较少，多是参照普通产品标准进行控制，这对再生产品的生产质量控制和应用推广有一定的制约作用，需要加快标准编制工作。

（9）建筑垃圾再生产品的工程应用试点少，宣传力度小，示范作用不明显。

（10）建筑垃圾再生产品属大宗建材产品，区域性特点明显，目前大部分地区的资源化利用产业刚起步，企业数量少，未建立区域性的建筑垃圾资源化利用产业服务平台，各方力量难以形成合力，也无法规范行业健康有序发展。

2）需求分析

建筑垃圾减量化存在诸多困难，需要相应的技术研发、政策扶持和市场引导。主要需求有以下几个方面。

（1）需要政府加大对建筑垃圾资源化利用处置用地的投入占比。

（2）需要有稳定的建筑垃圾来源和切实可行的建筑垃圾分拣分类技术。

（3）再生产品的应用需要政府鼓励和市场的引导。

（4）需要政府各部门形成合力，打通建筑垃圾产生、清运、消纳过程，以及再生产品生产、应用各个环节。

（5）需要通过技术创新提高再生产品质量和开发新的再生产品，提高其附加值。

（6）需要尽快建立再生产品的配套技术标准体系，使再生产品生产质量控制和应用推广有一定的标准依据。

（7）再生产品最好能够在政府投资项目中使用，起到工程应用试点作用，可以加大宣传力度，使示范作用更明显。

2. 北京

1）关键问题

在经济效益方面存在以下问题。

（1）回收处置费用较高，施工单位消极应对。目前，我国对建筑垃圾进行分类回收处理，需要大量的人力、物力及时间成本，并且建筑垃圾由于其本身的特殊性，二次处理再利用的难度大且成本很高，这就导致我国建筑垃圾分类回收利用的政策难以推行。

（2）综合利用率不高，环境压力大。建筑垃圾由于种类不同，其回收利用的成本和价值也有所差异，少量金属类建筑垃圾比大量的其他固体废物的回收利用价值更高，因此，北京市回收利用的建筑垃圾主要为钢筋等金属类废弃物。大部分的建筑垃圾未被有效回收利用，导致建筑垃圾的综合利用率很低，直接废弃处置及回填处理的方式给城市环境带来了巨大的压力。

（3）资源化处置设施建设落地难。由于资源化利用属于高投入低产出、环保要求高的项目，用地难、环评难、投入大，导致企业建设周期长，投资回收周期长，产业运作难度大。已建成的工厂由于产业体系不健全、运输市场混乱、来源不稳定、处置成本高等因素，开工不足。

（4）建筑垃圾回收产业成本高、投入大，前景不明朗。目前，我国的建筑垃圾回收处理技术尚未成熟，并且难度大，成本较高，导致建筑垃圾的回收再生产品的质量难以保证，并且价格相对昂贵，因此施工单位在建筑材料选择时很少考虑建筑垃圾的回收再生产品。建筑垃圾的再生产品在建筑材料产品中不占优势，致使建筑垃圾回收行业鲜有人涉足，行业前景不明，一直处于发展的初级阶段。

在社会认知方面存在以下问题。

（1）项目名称中含有"垃圾"字样，周围居民不同意在其居住地周围建厂。为体现建筑垃圾资源化利用产品的环保性，便于行政许可，很多项目中保留了"垃圾"字样，但选址周围居民不同意在自己居所附近筹建垃圾处理厂，沟通协调工作难度较大。

（2）对再生产品认知度低，推广举步维艰。在建筑物设计环节，没有将建筑垃圾再生产品应用纳入其中，而现有的天然建材仍然占据着主要市场，再生产品虽在技术指标和性能方面均等于或优于同类产品，但还没有实现规模化生产，相关使用及补助政策较少且未形成体系，在价格方面没有优势，难以同天然产品竞争，在同等条件下，施工单位仍然首选天然建材。

2）需求分析

建筑垃圾减量化存在诸多困难，需要相应的技术研发、政策扶持和市场引导。主要需求有以下几个方面。

（1）北京市须尽快建立建筑垃圾源头减量化的法律法规体系。

（2）建议北京市升级现有建筑垃圾车辆运输管理系统和建筑垃圾综合管理循环利用平台。

（3）需要加强建筑垃圾再利用技术开发，完善建筑垃圾再利用的方法和设备，以提升建筑垃圾的回收利用效率。

（4）需要加强宣传和落实政府责任考核机制，加强市民教育和提高公众参与度，建立建筑垃圾违法举报平台及举报电话，开通举报渠道，政府和公众共同参与，保护城市环境。

（5）需要加强资金保障，加大政策的引导及扶持力度，增加财政补贴，以推进建筑垃圾资源化处理设施全面建设运营，保障其快速建设。

3. 武汉

1）技术难点

（1）缺乏建筑垃圾源头减量的强制性技术标准和规范。技术标准和规范是引领企业技术创新和管理创新的标杆。关于各类建筑工程中建筑垃圾的最终外运量，国家、行业、地方制定的标准很少。建筑垃圾最终外运量控制是促进建筑垃圾源头减量和就地利用的关键性因素，由于缺乏这类技术标准，建筑垃圾减量就难以变成一种自觉、主动的行为。

（2）缺乏智能化高效建筑垃圾分拣、分选设备。"工欲善其事，必先利其器"，建筑垃圾源头减量和资源化利用的基础性设备就是高效的建筑垃圾分拣、分选设备。若有机/无机、砖/混凝土等物料分选效率不高，则既影响使用者的信心，也降低了骨料的使用品质。

（3）建筑垃圾再生利用技术标准体系还不健全。由于省、市没有指定建筑垃圾再生产品的质量标准，设计、施工单位使用没有依据，如武汉洁恒环保科技有限公司再生产品的出路仅是作为道路水稳料，严重影响企业的经济效益。

（4）道路施工企业缺乏车载式破碎－筛分设备，不利于道路废弃物的就地加工与利用。

2）运营难点

（1）政府管理部门条块分割。建筑垃圾收运、消纳等管理工作由市环境卫生部门负责；建筑垃圾产生、源头减量、资源化利用、再生产品利用等业务由住建部门负责。政府管理部门存在条块分割问题，又缺乏共享服务平台，不利于整体推动。

（2）缺乏科学的管理考核系统。建筑垃圾治理尚处于起步阶段，还缺乏科学的评价、考核和奖励考核政策；建筑垃圾减量化、资源化所体现的是环境效益和社会公共利益，还没有得到企业、公众的充分认识和理解。

（3）先拆迁、后施工，不同施工主体影响了建筑垃圾的源头减量。项目由拆迁单位拆迁清运完毕后，再由施工企业进场施工。实际上拆迁产生的部分垃圾可以用于道路建设。两个阶段的施工主体不同，规划、设计阶段又没有建筑垃圾产生与利用的总体方案，既增加了建筑垃圾产生量，又增加了施工成本，造成整个社会资源的浪费。

（4）缺乏渣土交易平台，不利于渣土就近消纳平衡。缺乏简易的交易平台，无法就近利用废弃渣土，造成社会资源的浪费。

（5）建筑垃圾资源化利用企业用地未被纳入城市规划黄线。调研中发现，大多数企业用地都是临时用地。用地保证是企业最大的利益关切。

（6）按照建筑垃圾全生命周期的理念，在设计施工图中应将工程废物种类和数量预测、利用和处置等方面的内容列为重要审查内容。

（7）市政工程建设应该设立再生产品使用率的强制性标准。

3）需求分析

（1）建议从国家层面出台进一步推进建筑垃圾资源化利用的相关政策。明确规划、国土、住建、环保、财政、城管等部门职责，建立部门联动机制，加大对各级人民政府和各有关部门的考核力度，特别是着重解决建筑垃圾消纳场地和资源化利用场地配套建设不足的问题，并进一步强化相关激励措施，出台建筑垃圾资源化利用特许经营的相关管理规定，加快建筑垃圾资源化利用的发展。

（2）建议进一步完善建筑垃圾资源化利用的相关国家和行业技术标准。通过完善技术标准，更好地指导建筑垃圾资源化利用工程建设，保证工程质量。

（3）建议创造条件落实国家政策利用建筑垃圾生产砖瓦制品，促进工程弃土的资源化利用。城市建设中产生大量工程弃土，由于"禁粘"（禁止生产、使用粘土砖）政策，这些弃土不能就近烧制成建材，只能外运至消纳场填埋，而城市建设又需要外运大量的建筑材料。

4. 深圳

1）关键问题

根据调研资料，深圳市渣土占该市建筑垃圾的 90% 以上。砂的含量高于 40% 的工程弃土，通过泥砂分离后，可作路面砖、透水砖，不能利用的则运至外地填埋或制作烧结砖。当渣土中砂的含量低于 40% 的时候，不宜做泥砂分离。深圳工程建设活动产生的渣土的主要处置方式是将其外运到周边的城市。外运的途径一般有两种：一种为海运，2017 年已经通过码头运送了 3200 万方的渣土至周边的中山、珠海和南沙等地；另一种为陆运，2017 年已经通过卡车运输了 4000 万方渣土到东莞和惠州等地。此前外地人还从深圳买入渣土，近年来渣土外运均须上交每方 1 元的渣土消纳费给周边的目的地城市。跨地运输需要地方主管部门同意接收，避免偷排乱倒的现象。另外近 2000 万方的渣土的处置方式主要有两种，其中 180 万～ 300 万方用于填海，其余用于工程回填，涵盖道路、绿化、水务等工程。然而填海要求越来越严格，以后的填海均需要国务院审批。

深圳市的渣土处置方式基本为外运，但据估算，周边城市能够处置深圳渣土的年限不足十年。因此，渣土外运只是暂时的，解决建筑垃圾困难的办法除了源头减量外，还有综合利用，它也是减少深圳市建筑垃圾总量和破解目前建筑垃圾困境的有效方式。然而深圳建筑垃圾综合利用起步较早，2016 年底开始实行建筑垃圾的综合利用，根据 2019 年的资料，全市有 42 家拆除物料的企业，固定的企业有 15 家。建筑工地产生的建筑垃圾由移动式现场破碎机现场粉碎，由于前端一般无分类，易形成品质好和品质差的两类骨料，品质好的骨料可以作为再生砖或低标号混凝土，而品质差的只能用于简单回填。提高建筑垃圾的综合利用水平的途径之一是加强建筑垃圾再生产品的推广和应用，而再生产品的推广和应用需要制定国家层面的相关标准。因拆除物料成分复杂，资源产品种类比较丰富，其再生产品如透水砖和空心墙板，特别是空心墙板的容重标准不一，有些容重过大，难以上墙；另外，关于再生产品的标识也需要标准，究竟废料占比多少才算再生产品呢，70%、80%、90%？关于再生产品的应用，政府和产品相关应用方，更认可国家标准，而不是企业标准，因此，只有通过制定国家标准，才能让生产企业获得补贴，让使用单位认可再生产品。

2）需求分析

结合本次调研和与技术交流会上的相关专家学者的讨论分析，以及建筑垃圾产生的原因，归纳了多种可能的减量化措施，同时在技术需求、政策支持和市场需求方面也给出了相应建议。

（1）现场拆除—清运—再生产品的一体化作业模式是建筑垃圾减量化和资源化的有效措施之一。采用该作业模式的企业在业界具有较强的市场竞争力，故建议学习绿发鹏程环保科技有限公司的建筑垃圾管理的一体化作业模式。

（2）加强完善目前与建筑垃圾减量化管理相关的法律、法规，特别是 2013 年深圳市政府颁布的《深圳市建筑废弃物运输和处置管理办法》，目前已经不能满足建筑垃圾减量化的发展趋势需求。

（3）加强建筑垃圾再生产品的推广和应用，通过制定国家标准，让生产企业获得补贴，让使用单位认可再生产品。

三、规划策略

1. 西安

1）技术措施

西安市建筑垃圾的处置方式有：将拆迁垃圾经过破碎、分拣等技术工艺，生产成为再生产品，代替天然砂石，用于路基填充、房屋建设、市政基础设施建设等；利用基坑开挖产生的工程弃土或砂石等其他固体废物进行堆山造景、基坑回填、绿化种植、复耕还田、土壤（地）修复等；通过分拣分类，将装修垃圾如塑料、木材等分别进行集中处置，生产成再生产品进行重复利用。

对于施工现场建筑垃圾的减量化以规划和设计阶段实现土方平衡为最佳；对于过剩渣土，就近组织协调进行消纳；现场作业道路采用"永临结合"或钢板铺设的方式，以减少临时道路拆除产生的建筑垃圾；对于临建设施以采用预制条板及标准化加工的构件为最优选择；对于施工阶段产生的建筑垃圾，送往集收集、破碎、再利用为一体的建筑垃圾临时处理车间，完成建筑垃圾资源化利用；对于装饰装修垃圾采用精密测量、精细化排版、工厂化生产，部分材料做到定尺加工，能够减少装饰装修建筑垃圾的产生。

2）管理措施

西安市建筑垃圾资源化利用工作的管理措施有以下几种。

（1）实行特许经营管理。城市管理部门要会同有关部门，明确特许经营准入条件，采用法定方式授予建筑垃圾资源化利用企业特许经营权。获得特许经营权的企业，享有所在区域建筑垃圾的优先收集权和处置权。鼓励采取 PPP 模式，引进社会资本参与建筑垃圾资源化利用工作。

（2）开辟项目审批绿色通道。优先办理申报材料齐全、符合国家产业政策的建筑垃圾资源化利用项目的立项工作；加快办理符合政策要求和环保准入规定的建筑垃圾资源化利用项目环评审批手续，加快审批项目环境影响登记表、报告表、报告书等；将建筑垃圾资源化利用设施用地作为城市基础设施用地，纳入土地利用规划，加大城市基础设施用地尤其是建筑垃圾资源化利用处置用地的占比，同时简化规划报建流程；符合相关条件，并且可以提供相关证明，依法供地或采取划拨方式供应，属于新产业新业态的，采取租赁、先租后让、租让结合等多种供地方式；加快建筑垃圾资源化利用项目水土保持方案的审批；积极支持建筑垃圾资源化利用企业，加快办理各项手续，确保及时正常供电；鼓励与提倡在废弃、关停的建筑垃圾消纳场建设资源化利用设施。

（3）执行财政和税收优惠政策。探索建立收费制度和奖补政策，按照补偿成本、合理盈利，"谁产生谁付费、谁处置谁受益"的原则，对在建筑垃圾处置过程中涉及的途经区、消纳区和从事建筑垃圾资源化利用的企业（单位）按照一定标准予以补贴。

（4）推广使用拆迁垃圾再生产品。发布建筑垃圾再生产品的绿色建材目录，积极推广再生新产品，引导建筑垃圾资源化利用企业申请绿色建材产品评价标识，并将产品列入绿色建材目录；相关主管部门，结合政府投资项目建设计划，制定和发布建筑垃圾再生产品的替代使用比例，有计划地将再生产品应用于建设项目中；建设单位在建设项目初步设计中，应根据工程建设及拆除建（构）筑物、装饰装修改造等产生的建筑垃圾数量、种类等情况，编制建筑垃圾处置方案；各类新建、改建、扩建的项目，在满足设计规范要求前提下，应按照一定比例使用符合相关技术标准的建筑垃圾再生产品；在满足公路设计规范和确保工程质量的前提下，大力推广并优先采用符合相关技术标准的建筑垃圾再生产品替代常规材料，力争做到能用尽用。

（5）加强建筑垃圾综合管理。建筑垃圾的消纳和处置应按区域实行包片消纳和处置；各区县、开发区应加强本区域建筑垃圾综合管理工作，落实减排责任，科学组织实施，最大限度实现建筑垃圾的资源化利用和源头减排；城市管理部门应加强组织协调和行业监管，会同相关部门加强对建筑垃圾资源化利用工作的指导，积极推动建筑垃圾资源化利用产业化；质监部门应督促建筑垃圾资源化利用企业建立完善的质量管理体系，加强对建筑垃圾再生产品质量的监督抽查；科技部门应加大建筑垃圾资源化利用工作的科技研发和应用示范力度，大力支持建筑垃圾资源化利用企业技术进步；拆除化工、金属冶炼、农药、电镀和危险化学品生产、储存、使用有关企业的建筑物（构筑物）时，应进行环境风险评估，并经环保部门专项验收达到环境保护要求后，方可进行拆除；建筑垃圾运输企业应严格按照城市管理部门的审批，将建筑垃圾运送至资源化利用企业，不得向资源化利用企业收取任何费用；建筑垃圾资源化利用企业不得采用已列入国家淘汰名录的技术、工艺和设备进行生产，生产的再生产品应符合国家、省、市相关技术标准。

2. 北京

1）技术措施

北京项目施工中建筑垃圾减量化措施有以下几种。

（1）碎石土类建筑垃圾：工地渣土大部分作为地基回填材料，剩余部分按北京市标准运到消纳单位处理或者运到其他工地回填。

（2）残余混凝土、砂浆：采用限额领料的制度；对浇筑或砌筑部位进行深化设计，进行精细化管理；把好混凝土浇筑量浪费关口，在施工过程中动态控制。

（3）方木类建筑垃圾：预控材料供应，减少浪费，排版布设，减少边角料，对短方木进行接长再利用，二次利用材料，至垃圾减量。

（4）板材类建筑垃圾：预控材料供应，减少浪费，排版布设，减少边角料，二次利用材料，至垃圾减量。

（5）砖、砌块、墙板类建筑垃圾：把好混凝土浇筑量浪费关口，在施工过程中动态控制；采用免抹灰 BM 轻集料隔墙连锁砌块施工技术。

（6）钢筋类建筑垃圾：优化钢筋配料和钢构件下料方案、深化设计；优化高强钢筋应用技术；钢筋场外加工，优化线材方案。

（7）钢管类建筑垃圾：临建设施采用可拆迁、组装、工具式、可回收材料。

（8）保温材料类建筑垃圾：施工前进行预排版，施工过程中加强现场管理，减少材料浪费。

（9）模板：优化模板排版和编号，不同层的相同位置周转使用，增加清理频率、刷脱模剂，检查、封边处理以提高利用率。

（10）围挡等周转设备（料）：现场围墙最大限度地利用已有围墙，场内临时围挡采用装配式可重复使用的活动围挡封闭。

（11）临时用房等设备（料）：临建设施采用可拆迁、组装、工具式、可回收材料。

建筑施工装备与施工工艺上的创新也为建筑垃圾源头减量化提供了可能，具体包括：采用中建三局自主研发的超高层施工顶升模架——智能顶升钢平台，该平台具有承载力大、适应性强、智能综合监控三大特点，显著提高了超高层施工的机械化、智能化及绿色施工水平，有效节约周转场地约 6000 平方米。采用预制立管安装技术——预制立管从 7 层至 102 层采用预制立管施工技术，具有设计施工一体化、现场作业工厂化、分散作业集中化和流水化、提高了立管及其他可组合预制构件的精度质量等多重施工优势，加快了施工进度。根据施工进度、库存情况等合理安排材料的采购、进场时间和批次，减少库存。北侧外墙与管廊一体化设计、建设——一体化施工将外墙变为内墙，节省防水施工、节约材料，同时增加使用面积，并避免了回槽混凝土的使用。运用 BIM 技术，辅助深化设计，实现二维图纸和三维模型同步进行，与 BIM 管理部深度配合，确保深化设计过程与 BIM 模型充分融合，深化设计内容真实反映到 BIM 模型内，并利用 BIM 深化设计成果，按照现场场地条件及安装要求对模型进行分段分节，并进行预制加工，部分结构安装前现场先进行预拼装工作，再进行整体吊装。

2）管理措施

北京市建筑垃圾资源化利用工作的管理措施有以下几种。

（1）建筑垃圾强制分类处置

按照工程渣土、拆除垃圾、施工垃圾、装修垃圾对建筑垃圾实施大类分流。

工程渣土：以工程回填、绿化回填、堆山造景、微地形或坑矿修复等综合利用处理方式为主，进入建筑垃圾简易填埋场处置为辅，禁止进入临时性或固定式建筑垃圾资源化处置设施。

拆除垃圾：以现场资源化处置为主，固定式建筑垃圾资源化处置工厂处置为辅，短期内无法处置完成的可暂时存放。除东城区、西城区外，其他区原则上不得跨区处置，确需跨区处置的，应取得处置地点区政府同意。

施工垃圾：朝阳区、海淀区、丰台区、石景山区、大兴区、房山区内工程建设过程中产生的建筑废弃物优先进入本区固定式建筑垃圾资源化处置工厂，暂时无法处置的，可进入本区临时性资源化处置设施。其他区施工垃圾按区城市管理部门规定，可选择进入临时性资源化处置设施。

装修垃圾：朝阳区、石景山区、昌平区、房山区试点利用固定式建筑垃圾资源化处置工厂或具备装修垃圾处置工艺的临时性建筑垃圾资源化处置设施协同处置装修垃圾，其他区装修垃圾按照城市管理部门规定，到指定建筑垃圾简易填埋场暂时存放。

（2）加快积存拆除垃圾清理

规范设置拆除垃圾暂时存放点位。各区应结合本区实际设置建筑垃圾堆放点位，并满足相关部门要求，具体设置标准满足建筑垃圾暂时存放场地设置规范。

加快推进积存拆除垃圾清理工作。2019 年 8 月底前，各区积存的拆除垃圾能够在现场资源化处置的应全部处置完毕，实现场平地净；确实无法在现场完成处置的，应统一清理至暂时存放点位。

做好扬尘污染防控工作。建筑垃圾处置场所和暂时存放场应做好扬尘控制，按要求安装扬尘在线监控设备，并与相关部门联网；应做好路面硬化，其中场区原有硬化道路应保留；场区没有硬化道路的，应采用再生骨料铺设，并分层压实，进行简易硬化；应对非作业的面进行覆盖或喷洒抑尘剂；运输车辆应符合标准，并做到密闭；严禁接收餐厨垃圾、再生资源、有害垃圾、其他生活垃圾等固体废物，因历史原因在处置场内遗留的其他固体废物须限期清理。

（3）建筑垃圾再生产品强制应用

严格落实《关于进一步加强建筑废弃物资源化综合利用工作的意见》（京建法〔2018〕7 号），本市政府财政性资金及国有单位资金投资控股或占主导地位的建设工程，在技术指标符合设计要求及满足使用功能的前提下，率先在指定工程部位选用再生产品，其中市政、交通、园林、水务等市级工程，按照发布的《建筑垃圾废弃物再生产品主要种类及应用工程部位》要求，指定工程部位选择的再生产品替代使用比例不低于10%。各相关行业管理部门按照工程监管权限对再生产品使用情况进行监管。

落实北京市疏解整治促提升专项行动办公室《关于推进大型政府投资项目使用建筑垃圾再生产品的通知》（京疏整促办〔2018〕1号），市区两级发展和改革部门，对未审批的政府投资项目，在评估过程中，应充分考虑使用建筑垃圾再生产品增加的投资，根据既定的项目投资支持政策予以支持；对于完成审批且根据实际情况具备调整优化设计的项目，发展改革、规划自然资源、园林绿化、交通、住房和城乡建设等部门支持项目单位根据实际情况使用建筑垃圾再生产品，合理调整优化设计方案，完成项目设计变更，并对相关批复予以调整，增加的投资按照项目既定的投资支持政策予以支持，并在项目施工、建设、竣工验收等环节予以支持和指导。

各区参照市级要求，提出本区建筑垃圾再生产品强制应用要求。资源化处置企业结合所在地区工程情况，生产本地区需求量大的产品，保障产品质量，且产品定价符合市场规律。

3. 武汉

1）管理措施

（1）开展建筑垃圾源头治理。建设项目设计时对建筑垃圾产生种类、数量、减控措施、综合利用方案、安全弃置措施等作相应的预案，作为工程建设的一部分。

（2）实行建筑垃圾处置的特许经营制度和垃圾处置收费制度，吸纳资本进入。特许经营制度是保证建筑垃圾处置企业原料来源的基础；收费制度是施工企业减控建筑垃圾的根本动力，也是处置企业经济效益的重要来源，更是最终取消政府补贴的关键要素。实践证明，实行这两项政策，在没有政府补贴的情况下，仍然有资本希望进入这个领域。

2）规划策略

（1）源头分类。将建筑垃圾纳入城市废物管理、处置的整个体系中，发挥综合处置效益。如武汉武钢北湖渣场，采取工业垃圾、市政垃圾、建筑垃圾协同处置，取得较好的经济效益和社会效益。源头分类是基础，"拆除"和"处置"合二为一是短期见效的重要措施。源头实行了分类，待废物运到处置现场后，仅作简单的"破碎－筛分"处理，即可获得合格的再生产品，不仅成本低，而且产品质量好。

（2）分区处置。武汉市在国土空间总体规划层面将整个城市按照发展方向的不同分为都市发展区和边远城镇区两大区域，建筑垃圾处理设施规划立足于两大区域的不同性质考虑提出：都市发展区（外环线范围内中心城区和近郊新城区）实行区域化建筑垃圾集中处理，以长江为界，本着建筑垃圾不过江的原则，分成江北东区、江北西区、江北南区、江南北区、江南东区和江南南区六大服务区域；同时，边远城镇区实行分片区集中处理，主要分为新洲东区、黄陂北区和汉南地区三个区域，分别设置建筑垃圾填埋场。

4. 国外对比

1）日本

日本是一个物资极度缺乏的国家，故特别注重物资的可持续性应用。建筑垃圾在日本被称为"建筑辅助产物"，包括再生资源和废弃物两类，具体包括建设工程排土等可直接使用的原材料，混凝土块、废旧木、建设粉尘等可能使用的原生资源，以及危害物资等不能使用的原生资源。日本通过采取一系列综合措施，包括行之有效的宏观法律手段和微观技术措施，极大地促进了建筑垃圾的资源化利用，使得日本建筑垃圾资源化率不断提高。

日本鼓励院所高校与企业间共同研发建筑垃圾资源化处置技术，为建筑垃圾资源化利用产业提供技术保障，并通过立法对再生产品质量标准进行规定，制定了一系列相关标准规范，包括：1977年出台的《再生骨料和再生混凝土使用规范》、1994年编制的《推进废弃物对策行动计划》、1998年颁布的《建设可持续性指南导则》和《促进建造废料规范利用导则》。随着技术革新及实际需要，不断进行修订。日本建立建筑垃圾资源化回收、分类及处置技术体系以实现建筑垃圾实行零排放策略。日本的建筑垃圾资源化利用技术主要有：建筑垃圾就地资源化零排放处置技术；废旧混凝土、沥青混凝土、木材、污泥等建筑垃圾资源化利用技术；设计与规划零排放技术。

2）美国

美国在建筑垃圾资源化利用领域，构建了一整套全面、有效的管理体系。每年因建造工程产生的废料达 3.25 亿吨，占全美垃圾总量的 40%，经过分拣、筛选等先进的工艺处置后，资源化利用率达到 70%，高资源化利用率得益于美国完善的法律法规及成熟的建筑垃圾资源化利用市场。

美国是较早发展建筑垃圾资源化利用产业的发达国家之一，在政策法规和实际应用方面均形成了一套完善、成熟且符合国情的体系。1965 年制定的《固体废弃物处理法》经过 1976 年、1980 年、1984 年、1988 年、1996 年 5 次修订，完善了包括信息平台、年度报告、资源化利用现状、再生产品示范工程、科技工艺技术发展、循环标准、经济激励与优先使用、职业保护、公民诉讼等固体废弃物资源化利用的法律制度。1980 年制定的《超级基金法》，确定了重要原则即污染者赔偿原则（polluter pays principle），规定了"任何生产有工业废弃物的企业，必须自行妥善处理，不得擅自随意倾卸"，在源头上对建筑垃圾的产生作出了相应的限定，促使建设方、承包方自觉主动地实施建筑垃圾资源化利用。

美国对建筑垃圾实施"四化"原则，即"减量化""无害化""资源化"及资源化利用的"产业化"。其中建筑垃圾的减量化管理尤为突出，从标准、规范到政策法规，从政府监管到企业自律，从建筑设计到现场施工，无一不对建筑垃圾的产生进行限制，鼓励建筑垃圾"零"排放。此种源头消减方式可减少对天然资源的开采，降低制造及运输成本，减少对环境的破坏，比各种末端治理行为更为有效。美国于1982 年在《混凝土骨料标准》（ASTM C33-82）中指出将破碎处理过的水硬性水泥混凝土归入粗骨料之中。同年，美国军队工程师协会（Society of American Military Engineers，SAME）也在有关规范中鼓励使用再生骨料制备混凝土。据美国联邦公路局统计，美国有 20 多个州在公路建设中采用再生骨料，有 15 个州制定了关于再生骨料的规范。

3）欧洲国家

欧洲国家在资源化利用领域形成了较为完整的技术体系，以下分别从建筑垃圾源头减量化设计技术、建筑垃圾分离处置技术及再生骨料生产技术方面进行阐述。

（1）建筑垃圾减量化设计技术

建造废料降产规划在英联邦建筑垃圾的资源化利用领域中受到了更多的重视，英国皇家建筑师协会（RIBA）在其继续职业发展的文件中指出：降低建造中的材料损耗率，且减少成本和垃圾产生量的最优时期是在整个建造过程的前期开发阶段，这样可促使设计师在设计环节考虑对建筑垃圾减量化处理。英国先后发布诸多关于建筑垃圾减量化和资源化利用指导方针。

（2）建筑垃圾分离处置技术

英国建筑研究院通过数年研究，研制出一系列建筑垃圾分级评估、资源化利用质量控制等技术规范，并已成功付诸实践。英国研发出专门回收湿润砂浆及混凝土冲洗的设备。此外，工具、模型及技术的不断发展，有助于废弃物现场管理和相关成本影响评估，例如英国的 SMART Waste。这类工具的运用能够方便废弃物处理工作的现场审计、废弃物管理和成本分析。

（3）再生骨料生产技术

在德国，有关混凝土再生骨料的规范主要有德国工业标准 DIN1045-2、欧洲标准 206-1 和德国工业标准 DIN4226-100。根据德国工业标准 DIN4226-100，再生骨料包含混凝土垃圾、建筑碎块、砌砖碎块及混合碎块，并对以上 4 种类型建筑垃圾作为混凝土骨料的具体成分要求作出明确要求。除了对回收混凝土骨料的成分作规定外，还对建筑垃圾作为回收骨料的密度、吸水性及一些元素的含量也作了规定。在相关的再生骨料技术标准中，将再生粗骨料分为四个级别，并对再生骨料的最小密度、矿物成分分析、最大吸水率等参数作了详细界定。

参考文献

[1] 秦原. 再生骨料标准研究及工程应用[D]. 青岛: 青岛理工大学, 2009.

[2] 建筑垃圾回收回用政策分析[J]. 居业, 2016（7）: 25-30, 34.

[3] 吴杨. 低碳建筑评价体系研究——基于生命周期评价理论的研究[J]. 重庆: 重庆理工大学学报（自然科学版）, 2015, 29（11）: 96-100.

[4] 黄卫平, 彭刚. 国际经济学教程[M]. 2版. 北京: 中国人民大学出版社, 2012.

[5] 中华人民共和国住房和城乡建设部. 全国城市市政基础设施建设"十三五"规划全文发布[EB/OL]. 2017-05-17. https://www.mohurd.gov.cn/gongkai/fdzdgknr/tzgg/201705/20170525_231994.html.

[6] 关于印发《呼和浩特市"十四五"生态环境保护规划》的通知[EB/OL]. 2021-11-04. http://www.huhhot.gov.cn/zfxxgknew/fdzdgknr/zfwjnew/202111/t20211111_1056420.html.

[7] 姚彤. 建筑垃圾资源化利用规划策略研究[D]. 北京: 北京建筑大学, 2021.

[8] 垦利区社会信用中心 东营市垦利区城市管理局建设建筑垃圾监管平台 提升智慧化监管水平[EB/OL]. 2021-11-24. http://credit.dongying.gov.cn/311/113309.html.

[9] 吕双汝. 基于工程预算的建筑垃圾数量预测研究[D]. 北京: 北京交通大学, 2021.

[10] 陈冰, 胡洋. 建筑垃圾资源化利用设施布局与建设规模研究[J]. 环境卫生工程, 2020, 28（5）: 57-60.

[11] 徐玉波. 建筑垃圾资源化利用付费机制研究[D]. 北京: 北京建筑大学, 2020.

[12] 黄志玉, 郎宏, 马明雪. 建筑垃圾资源化利用扶持政策的有效性研究[J]. 西南师范大学学报（自然科学版）, 2021, 46（10）: 91-98.

[13] 况世焕. 建筑垃圾全链条大数据监管平台研究与应用[J]. 建设科技, 2016（23）: 37-39.